NATIONAL GEOGRAPHIC

国家地理图解万物大百科

植物、藻类和菌类

西班牙 Sol90 公司 编著 刘 早 译

江苏凤凰科学技术出版社 · 南京

目 录

绿色革命

收割水稻
在亚洲大部分地区，水稻同粮食安全问题休戚相关。水稻同样也是西非、加勒比海和拉丁美洲热带地区的主要粮食作物。

全世界大约有 300 000 种植物，它们生长在不同的地区，从冰冷的北极冻原到茂盛的热带雨林都有它们的身影。植物与地球上的其他生命关系密切，通过光合作用，它们为我们提供了食物、药材、木材、树脂和氧气等，没有植物也就没有我们。植物将吸收的阳光转化为碳水化合物（例如糖分和

淀粉）的过程如魔术般神奇。令人惊叹的是，一个不能移动的生物体如何学会了最大限度地利用它从太阳获得的能量，并探索出多种多样的机制来面对各种环境挑战。一些植物具备基本的适应性，例如长有厚实的树皮、荆棘或肉质茎，能使它们在干旱环境中生存；一些植物（如番茄）在气温急降时会生成一定的蛋白质来保护自己免受严寒的伤害。你可能会惊讶植物为什么要为花朵的绽放投入那么多的能量，本书会逐步地、详细地为你讲解植物的受精过程。你是否知道授粉是在风和昆虫的帮助下完成的，某些花的授粉过程只能由特定种类的昆虫来完成？在本书中你将会找到这些问题的答案，并了解到更多知识，你还会看到树木内部构造的详细图示和精美插图，图中甚至展示了树木的组织功能和叶脉。

第一批征服地球的植物是什么样子的？它们是如何将裸露的岩石转化为土壤的？之后发生了什么？哪些植物在石炭纪时期得以演化并在全球范围内生长？本书完整地讲述了植物的发展历史，同时也对植物、藻类和真菌类之间的基本差异做了说明——目前的研究认为后两者与动物之间的关系更为紧密。尽管植物在人类饮食中的地位没有任何改变，但对它们在其他方面的有益应用的研究是更现代化的新生项目。农作物，例如水稻、玉米、小麦、黑麦、大麦、燕麦、大豆、小扁豆和鹰嘴豆等在全球广泛种植，它们既是我们身体机能所必需的蛋白质、维生素、矿物质及其他营养物的来源，也是人们重要的收入来源。

背景介绍

科学证据显示，与植物亲缘最近的是生长在潟湖岸边的藻类，随后在这些时而干燥、时而潮湿的栖息地诞生了第一批陆生植物。为了能够在迥然不同的环境中生长，它们中的大部分必须做出适应性改变，这类适应性使它们

巨杉
一部分巨杉生长在美国加利福尼亚州中部。

得到了令人惊讶的发展。以巨杉为例，它们的高度可达 80 米，树干底部的周长可达 30 米。你知道吗，植物是通过细胞的繁殖和扩张来长得更高更壮的。许多植物每天可以生长 1 厘米，它们生长过程中产生的压力大到可以使沥青路面产生裂纹。●

宁静之国

植物王国拥有大量的生命体，它包括近300 000个物种。植物最显著的特征是含有叶绿体，叶绿体内的叶绿素能将它们吸收的太阳能转化为化学能，并利用该能源生产自己的食物。植物需要附着在一个表面（通常为地面）以便从中获取水分和营养物质，但这也限制了它们自由移动。蓝藻类和菌类曾经被列入植物界，但现在它们分别属于原核生物界和真菌界。

藓类
泥炭藓属

红藻
松节藻属

藻类

藻类通常被误认为是水生植物，它们没有根系也没有主茎，因为生长在水中（淡水或盐水），所以也不需要基底。有些藻类需要用显微镜才能看见，不过可以在海洋中找到大型的藻体构成。藻类按照颜色来分类，绿色藻类和植物一起构建了“绿线”生物群，其成员特征是体内都具有叶绿体，并且细胞质具有储备淀粉粒的功能。

苔藓

苔藓包括藓类、苔类和角苔类。大多数苔藓只有假根而没有真正的根系，它们通过体表吸取水分。苔藓植物缺乏在长期干旱环境中生存的手段，当旱期来临时，它们会进入潜伏状态。由于没有传输营养物的叶脉系统，苔藓植物大多高度在1厘米左右。为了繁殖，它们要生活在流动水系附近。

植物

植物界中的生物能够利用体内的叶绿素将太阳能转化为化学能，然后将水分和二氧化碳转化为食物，这种生存方式称为自养。无论是大是小，所有的植物都在为其他生命体提供食物的过程中扮演着极其重要的角色，它们虽然不能移动，但它们的配子、孢子（从植物体分离出来并且能发芽的细胞）和种子可以在其周围活动，特别是在水和风的帮助下。

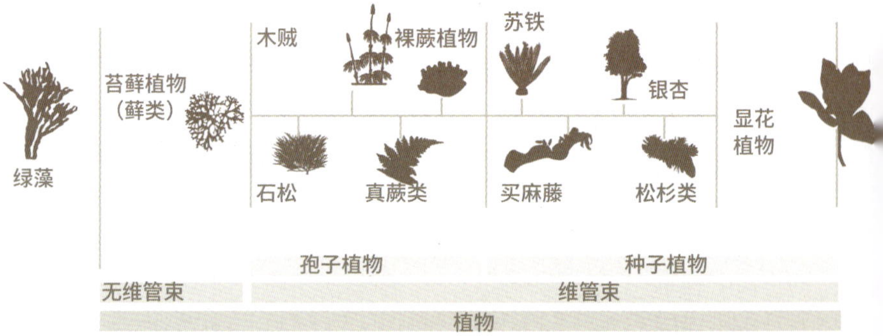

蕨类
紫萁属

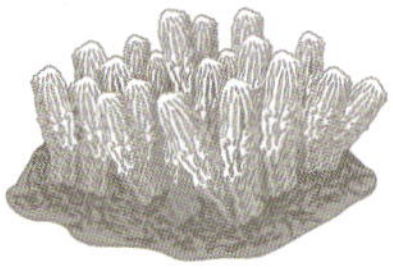

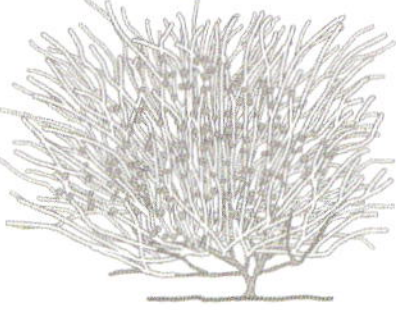

蕨类植物
它们是最多样化的孢子植物群，它们的起源可以追溯到泥盆纪时期。

卷柏（属于石松类）
叶子呈鳞片状，有些以尖状物形状聚集着。

裸蕨
是结构简单的植物，它们没有根和真正的叶子，但内有像叶脉一样的维管束。

木贼
具有根、茎和真正的叶子。叶子细小并且环绕着茎。

孢子植物

蕨类植物是现今最常见的孢子植物，它们大多数诞生于泥盆纪时期，在石炭纪时期达到鼎盛。孢子植物的组织比种子植物的简单，它们的绿茎表面宽大，光合作用功能强大。蕨类植物的生长和繁殖仍对水分有较高的需求。孢子在孢子囊中形成，孢子囊生长在名为孢子叶的叶片上。

松杉类
这类植物有各式各样的种子，它们的繁殖器官称为球果。大多数针叶树为常绿植物。

苏铁
一类看上去像棕榈树的热带植物。它们的繁殖方式与松树相似，但是是雌雄异株（每株植物只有一种性别的花）。

银杏
这类植物只有一个物种幸存下来，是现存树木中最古老的物种之一。

买麻藤
这类植物的种子裸露在外面，有与被子植物相似的维管系统。

裸子植物

是长有裸露种子、不开花的维管植物。银杏树和苏铁是远古时期最普遍的裸子植物。现今，松杉类（如松树、落叶松、柏树和冷杉）是最常见的裸子植物。松杉类是雌雄同体植物（一株植物上具有雌雄两种性器官），它们的种子包裹在球果的鳞皮中。

北美云杉

真菌类

它们不属于植物界。菌类与植物不同，它们不能进行光合作用，不是用淀粉而是利用糖原来储存能量。菌类是异养生物，它们从其他有机体中获取食物并通过吸收将其转化为能量。菌类可以寄生，也可以以死亡的有机材料为食。一些菌类只有通过显微镜才能看到，有一些却是大而易见的。它们的身体由菌丝体（一种由菌丝组成的细丝群）构成，有些菌类具有储存孢子的结构。

赭褐蘑菇

小麦
小麦属

兰花
卡特兰

被子植物

这类植物长有种子、花朵和果实，包含大概有 300 000 个物种，几乎能适应除南极洲以外的所有环境。被子植物通过开花结果进行有性繁殖，通过有效的维管系统传输水分（通过木质部）和养分（通过韧皮部）。它们是植物界中的一大组成部分，包括带有鲜艳花朵的植物、谷物（如水稻和小麦）、其他作物（如棉花、烟草和咖啡豆）和树木（如橡树、樱桃树和栗树）。

兰科植物
这类植物长有许多花瓣，花瓣总数是 3 的倍数，这使它们与谷类植物一起被归入单子叶植物。

谷物
这类植物是单子叶植物。它们的种子只有一个子叶（胚叶），成叶多具有平行分布的叶脉。

水生植物

此类植物特别适应在池塘、小溪、湖泊和河流等其他陆地植物无法生活的环境中生存。虽然水生植物所属的分类不同，但其适应性是相似的，因而成为适应趋同性的一个典型。水生植物有沉在水下的和在水面的、在水底生根或不扎根的、叶子在水面上下都能生长的两栖植物和在水下只有根系生长的喜阳植物。●

重要角色

水生植物在生态系统中起着重要的作用，它们不仅是甲壳类、昆虫、蠕虫、鱼类、鸟类和哺乳动物的重要食物来源，还是某些动物的庇护所。水生植物在将太阳能转化为许多生物赖以生存的有机物的过程中也起着至关重要的作用。

浮叶植物

通常生存在静水或缓慢流动的水中，它们长有固定的根状茎和有柄叶（连接茎干的带柄叶子）。它们有些具有沉水叶，也有一些具有浮叶，还有一些的叶子生长在水面以上，不同类型的叶子形状不同。以浮叶为例，叶子上表面的特征与下表面的特征明显不同，这与接触水有关。

狐尾藻
粉绿狐尾藻
生长在温带、亚热带和热带地区，在富氧水中生长旺盛。

热带睡莲
克鲁兹王莲
生长在深邃宁静的水中，叶子直径可达 2 米。

浮叶
根状茎是固定的，叶子生长在长茎上，叶片漂浮在水面上。

荇菜
荇菜
整个夏季都盛开着有褶皱感的小黄花。

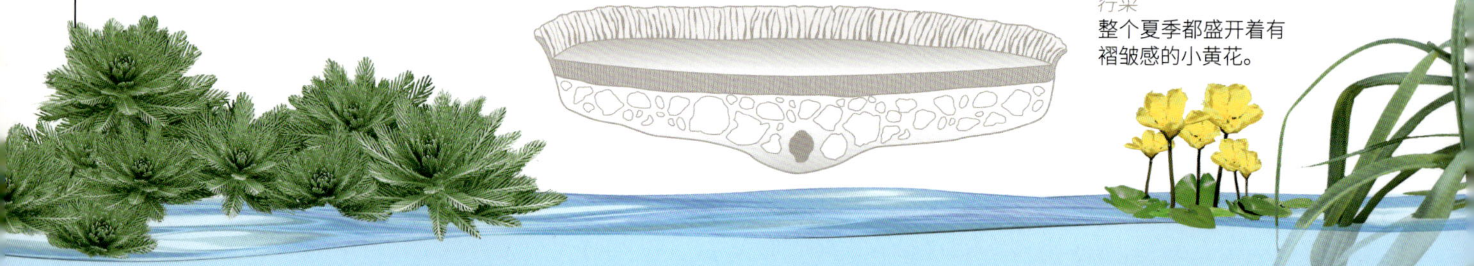

沉水植物

整株植物完全没入水中，茎干可以直接吸取水分、二氧化碳和矿物质，细小的根系只用作固定。这类植物通常生活在流动的水中，它们的茎干没有支撑能力，需要靠水来支撑。

眼子菜
河蜈蚣
这类水生植物生长在清澈溪流下的低洼处。

现代水生植物

植物的演化是从水中环境开始的，之后它们利用根系等结构征服了陆地。但是现代水生植物不是最初的原始种群，它们是陆生植物在获取了专门的器官和组织后重新返回到水中的，如有些植物组织具有气泡，能使自身漂浮。

金鱼藻
金鱼藻属
这类植物的大量纤细叶子在每根茎上团簇成锥状。

它们通过光合作用产生和释放氧气。

通气组织

多存在于水生植物体内，具有大量细胞间隙，可以传输、扩散气体。

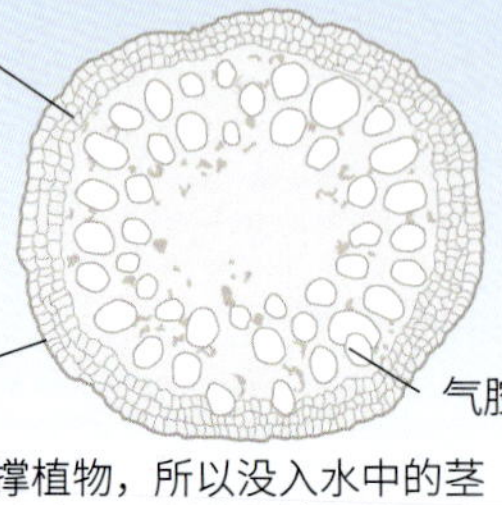

因为水能支撑植物，所以没入水中的茎干没有支撑系统。限制这些植物的因素是摄氧能力，因此通气组织承担了向植物供应氧气的任务。

常见的水生植物有约

300种。

两栖或湿地植物

生长在池塘、河流和沼泽的边缘或定期被潮汐或河水淹没的盐沼中，它们是介于水生和陆生植物之间的过渡种类。摄氧能力是限制这类植物生存的因素，因而它们具有发达的通气组织。

香蒲

香蒲属

生长在温带到热带气候中的湿地、湖边以及沼泽地带。

纳金花

绿花纳金花

盛开着大量花朵的纳金花非常引人瞩目。

绽放美丽花朵的水生植物。

慈姑

欧洲慈姑

夏季盛开的花朵带有3片白花瓣和紫色花蕊。

蓼

萹蓄属

这种水生植物在沼泽里生长。

水下根系和根状茎非常发达。

呼吸根

植物用于气体交换的不定根。它们能将从水面获取的氧气通过细胞间隙传输到植物各部分，并释放出二氧化碳。有些植物具备了特殊的适应性——气囊，这使它们能够储存氧气以被水淹没或蒸腾加速期间使用。

狸藻

狸藻

这些食肉性植物以小型水生生物为食。

自由自在的水下植物

一些水下植物可以自由活动，它们没有根系却拥有发达的主茎和分开的叶子。为了适应漂浮，一些漂浮植物的形状和叶子结构发生了变化，它们具有发达的根和根冠，但没有吸水茸毛，这种根能帮助植物在水面保持平衡。

水下植物的外层都是可渗透的，它们可以直接从水中吸取矿物质和气体。

苦草属

这类产氧植物可以生活在池塘和鱼缸中。

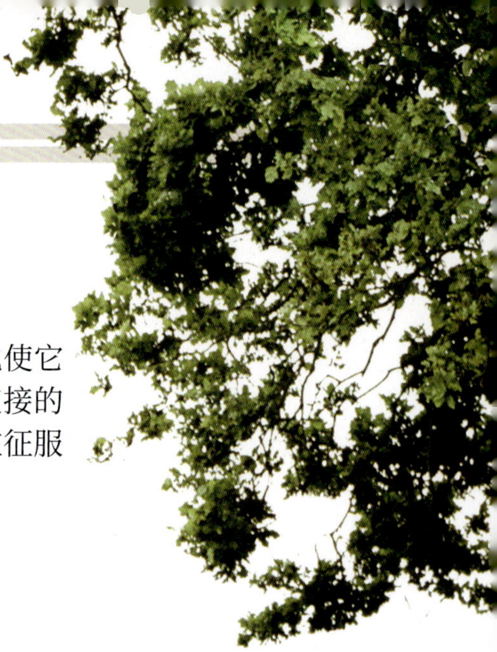

征服陆地

植物从浅水扩散到陆地经历了一系列的演化，基因的特定变化使它们能够面对地球表面全新且极端的环境。尽管陆地环境有直接的阳光照射，但植物面临着蒸腾作用和水分流失的问题，这是它们在征服陆地之前必须首先克服的难题。

重要转变

根是植物征服陆地的重要适应性演化之一，它不仅将植物固定在土层上，还是植物获取水分和矿物质营养的通道。此外，覆盖植物的表皮（表皮薄膜）的出现也是至关重要的。表皮细胞形成的防水薄膜能帮助植物抵抗阳光造成的热度和风带来的磨损及水分流失。这个保护层具有无数气孔，能够进行气体交换。

绿色革命

叶子是陆生植物进行光合作用的主要器官。4.7 亿年以前植物在陆地上出现，光合作用逐步得到加强，这被确认为大气层中二氧化碳含量减少的原因之一，与此同时，地球的平均温度也相应降低。

目前真菌的种类大概

148 000种。

约 50 000种

真菌生长在陆生植物周围。

羊齿
欧洲鳞毛蕨
这类维管植物的繁殖需要液态水。

藓类
泥炭藓属
苔藓是结构最简单的陆生植物。

附生植物

生长在植物或其他支撑表面上。它们的解剖结构支持了后天性适应，使其能够离开土地生长。

草本植物

具备长时间在夏日阳光照射下生长和繁殖的优势。它们的茎内没有能够支撑其直立的加固组织。

无茎苦苣菜
无茎苦苣菜属
这类植物没有茎。

香堇菜
香堇菜
这类植物的花朵具有宜人的香味。

木本植物

树木是依靠树干来区分的。高大的树木由柔软的新芽发育而成，它们具有一套能起支撑作用的组织，使其可生长到 100 多米高。树木主要生长在陆地生态系统中。

栗树 *栗属*

核桃树 *胡桃属*

山毛榉树 *山毛榉属*

槭树 *槭属*

栎树 *栎属*

椴树 *椴树属*

一些北美红杉高达

115米。

树的构造

毫无疑问，栎树（又称橡树）是西方植物界的国王，它以裂叶和带有“帽子”的橡果闻名，在所有的栎属树木上都可以找到此类坚果。栎树的主干向上生长，枝条向上分散开来。它们的种类很多，其中包含多种落叶树木。在最佳环境下，栎树可长到40多米高，平均寿命可达600年。

花朵

雄花悬挂在树上，雌花则隐藏在树叶之间。

冬芽

保护它们的鳞甲在春天脱落，随后它们会成长为新的叶

树叶吸收二氧化碳并通过光合作用将其转化成糖类。

树叶中水分的蒸腾（水汽的流失）能牵引木质部树液向上。

水土

树木可在任何水分充足

树干

非常强壮并且向上直立生长。树顶由树枝扩散拓宽，树枝可呈盘旋、打结或弯曲状。

春季
循环周期从首批叶子的出现开始。

夏季
生长繁盛期。高度增长，树干变粗。

秋季
低温使树枝生长弱化。

冬季
树叶掉光，树进入休眠期直到下个春季来临。

树叶

交替生长在细枝两侧的茎干上，每干一叶，在主叶脉的两边都有圆裂片。

夏季
树叶负责光合作用，它们生成的糖分供树木其他部分使用。

秋季
每根叶茎末端的细胞都变得衰弱了。

冬季
树叶掉落，树木进入休眠期。

春季
新叶开始取代旧叶。

橡果

果体上有暗色条纹，顶壳上有扁平的小薄片。

种子

有些树木的种子是甜的，有些是苦的。

栎树的平均寿命为

600年。

起源

在栎树生命的第一年，它的根就可以生长到1.5米左右。

栎树制品

栎树皮中单宁酸的含量非常丰富，它可作为收敛剂用来加工皮革。栎树木质坚硬，不易腐烂。

能源

叶绿素利用获取的太阳能将水分和二氧化碳转化为养分。

表面

栎树皮是藓类的湿气来源。

根部

向侧面生长以形成深而宽广的根系。

取食阳光

植物的重要特性之一是能利用阳光和空气中的二氧化碳来为自己生产所需的营养物质，这一生产过程被称为光合作用。光合作用是在叶绿体中进行的，这种细胞结构中含有必要的酶机制，能将太阳能转化为化学能。单个叶片细胞含有 20~100 个卵形叶绿体，叶绿体可以自行分裂，这表示它们曾是自主的生物体，通过共生产生了第一个植物细胞。

为什么它们是绿色的？

树叶能从包含不同颜色的可见光线中吸收能源，反射绿光。

树叶

由多种植物结构构成，一些结构用来起支撑作用，一些结构用来作为充填材料。

藻类

在水下进行光合作用。它们同水生植物一起向大气提供了大部分的氧气。

氧气

由植物释放到地球大气中。

植物细胞

具有细胞壁（由 40% 的纤维素构成）、饱含水分和微量矿物元素的液泡以及含有叶绿素的叶绿体，是植物细胞区别于动物细胞的三个显著特征。与动物细胞一样，植物细胞也有细胞核。

叶绿素
是树叶中含量最多、最丰富的色素。

水分
光合作用需要充足的水分供应，它们通过植物的根茎到达叶子。

植物组织

植物细胞的韧性是纤维素（植物细胞壁形成的多糖）决定的，这种物质由数千个葡萄糖单位组成，很难在水中分解。

二氧化碳
由植物细胞吸收并通过光合作用生成糖类。

氧气
是光合作用的副产品，从叶面的气孔（双细胞孔）排出。

液泡
提供水分、施加压力，并保证细胞的坚固性。

反应阶段

光合作用包含两个阶段，第一个阶段被称为光反应。在这个阶段，光系统 II 接收到的光导致叶绿素释放电子，进而从水分子中夺取电子，从而分解水并释放出氧气和氢离子（$2H^+$）。

1 电子向氧化还原反应链中的受体分子转移，为 ATP（三磷酸腺苷）的形成提供动力。

2 光系统 I 中，光能被吸收，将电子发送到其他受体，并将 $NADP^+$（氧化型辅酶 II）还原成 NADPH（还原型辅酶 II）。

3 除氧气外，ATP 和 NADPH 也是系统的净获得物。两个水分子在此过程中分解，但是其中一个在生成 ATP 时重新形成。

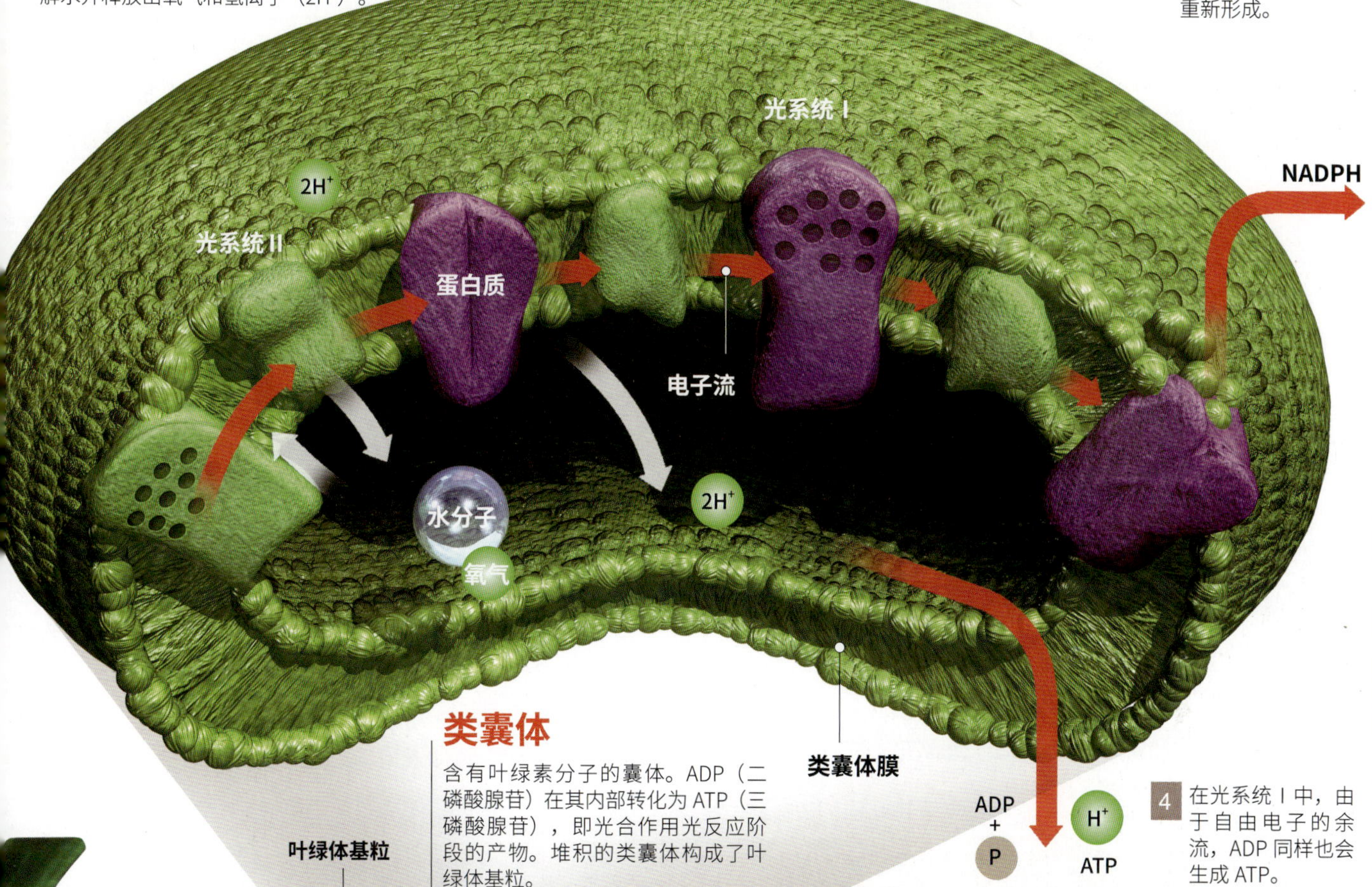

4 在光系统 I 中，由于自由电子的余流，ADP 同样也会生成 ATP。

类囊体

含有叶绿素分子的囊体。ADP（二磷酸腺苷）在其内部转化为 ATP（三磷酸腺苷），即光合作用光反应阶段的产物。堆积的类囊体构成了叶绿体基粒。

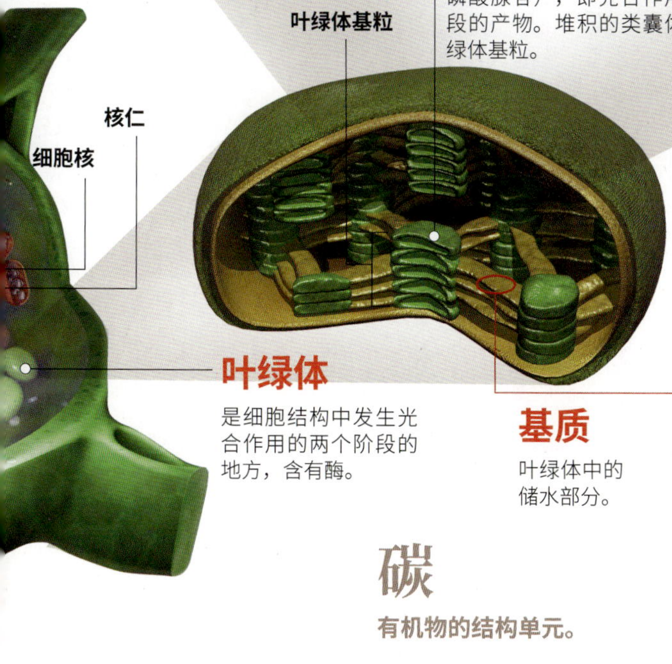

叶绿体

是细胞结构中发生光合作用的两个阶段的地方，含有酶。

基质

叶绿体中的储水部分。

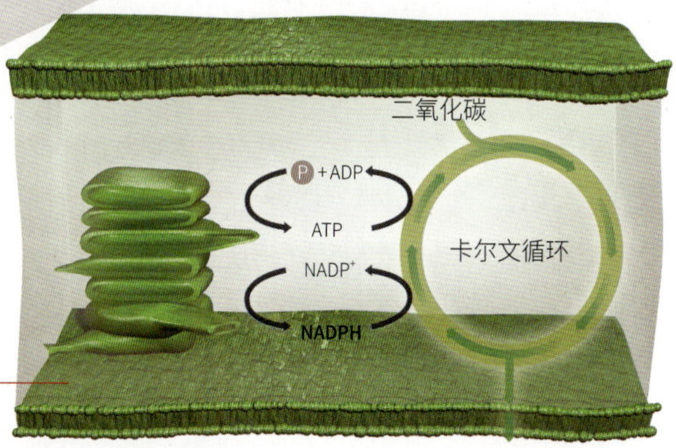

最终产物

使植物生成碳水化合物、脂肪酸和氨基酸。

暗反应阶段

这个名称的由来是因为这一阶段的进行不直接依靠阳光，而是在叶绿体基质内部完成的。光反应阶段由 ATP 和 NADPH 提供能量，在卡尔文循环过程中将固定二氧化碳为有机碳。该循环包含了生成磷酸甘油酯的化学反应，植物利用该物质来合成营养素。

碳

有机物的结构单元。

从藻类到蕨类

藻类（包括海藻）不具备植物所有的功能和特征，所以不全属于植物界。它们没有根茎，因为生长在水中，也不需要这些结构来吸收水分。藻类生长在海、江河、湖泊中，它们形状多样，颜色各异。据估算，全世界每年捕捞

硅藻
这类单细胞藻类的学名是平滑盒形藻，经常生活在浅水区的表面。

的藻类的干重超过了 100 万吨，其中 80% 来自亚洲国家（中国和日本）。藻类可应用于农业、食品工业、制药、防腐剂和医学等领域，也是许多人的重要收入来源。●

生命的颜色

藻类能通过光合作用为自己生产食物，它们的颜色同这一过程有关，也是将其分类的一种依据。还可以根据藻类的细胞数量进行分类。单细胞藻类的种类繁多，有些组成了群体，其他的则是多细胞藻类，多细胞藻类中的某些褐藻的长度达 45 米以上。

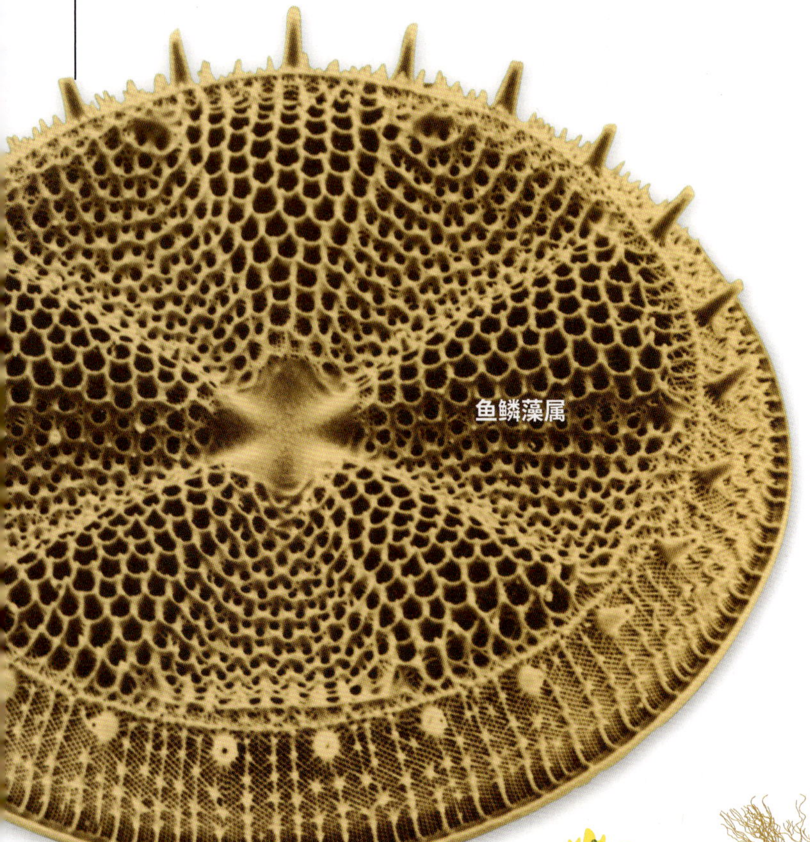

鱼鳞藻属

单细胞生物

通常长有能使其在水中移动的鞭毛，大多数具有吞噬摄取固态物质的能力。单细胞藻类包含一些特殊群体，硅藻被由硅形成的保护壳覆盖着，有些藻类（如红藻）可以在温度较高的环境中茁壮成长。红藻是真核生物中少数能在海底的热液喷口生存的生物之一。

抓取良机

单细胞藻类生活在水域表面附近，当它们发现有利于生长的充满阳光和营养物质的新环境时，会通过无性繁殖来扩大种群并占领这片领域。

1 褐藻门

包含约 1 800 种褐藻，生长在温和地带以及最寒冷的海洋岩岸。其颜色来自它们体内的墨角藻黄素，这种色素掩盖了它们叶绿素的绿色。

墨角藻

网地藻

双叉网地藻

囊链藻

长囊水云

多细胞生物

这群藻类具有多细胞结构，它们与移动的单细胞藻类形成新群体，通常在共同的黏膜中活动。它们的分支可呈分叉线状，或由细胞层和特定细胞分化组成的庞大形状，统称为叶状体。

圆微星鼓藻

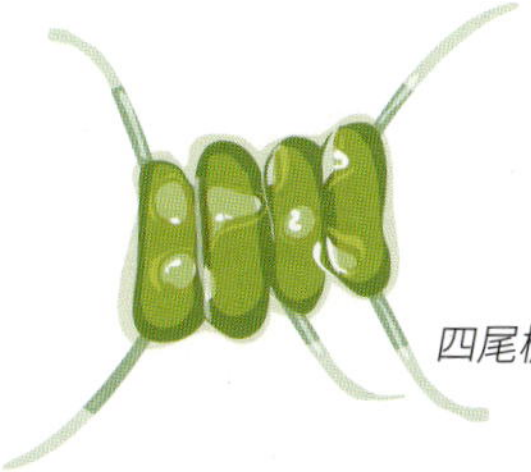

四尾栅藻

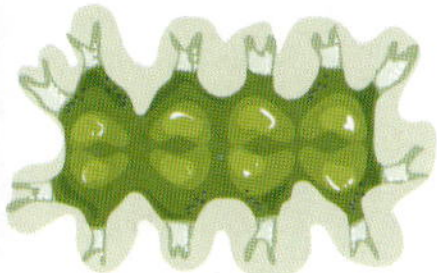

角星鼓藻

锯齿笠藻

北方羽纹藻

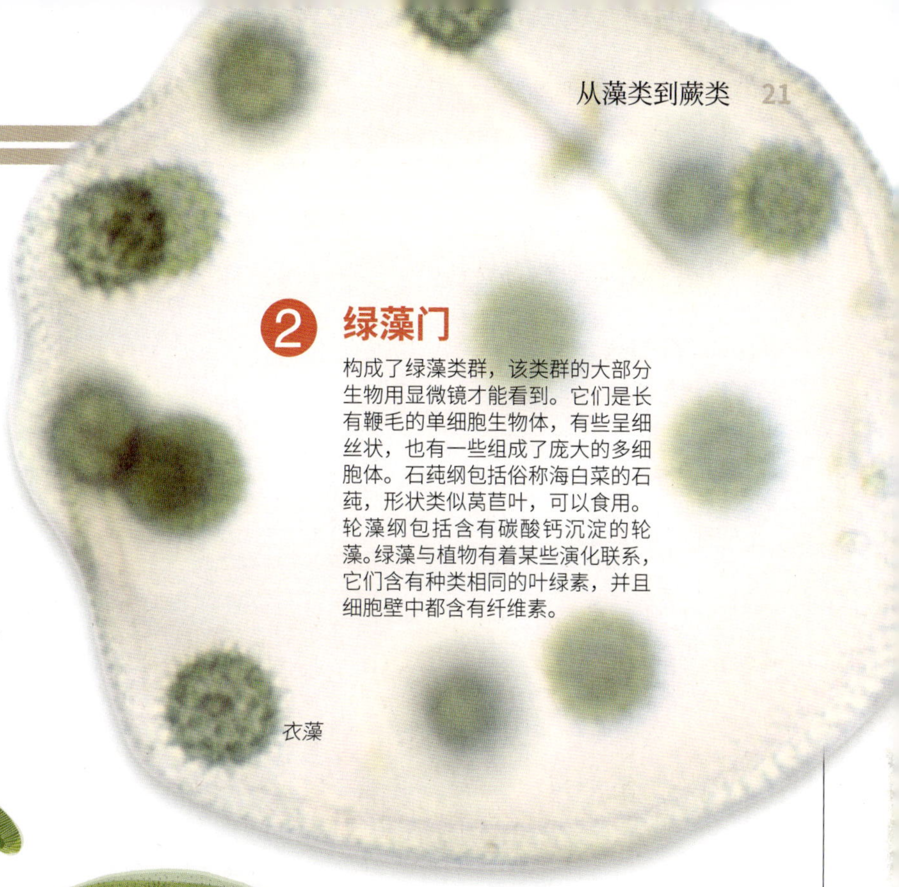

2 绿藻门

构成了绿藻类群，该类群的大部分生物用显微镜才能看到。它们是长有鞭毛的单细胞生物体，有些呈细丝状，也有一些组成了庞大的多细胞体。石莼纲包括俗称海白菜的石莼，形状类似莴苣叶，可以食用。轮藻纲包括含有碳酸钙沉淀的轮藻。绿藻与植物有着某些演化联系，它们含有种类相同的叶绿素，并且细胞壁中都含有纤维素。

衣藻

绿藻门或绿藻类群体共有

约7 000种。

含卡拉胶的红藻

3 红藻门

红藻体内的藻红蛋白色素赋予了它们红色的体征，掩盖了叶绿素的绿色。大部分红藻生长在热带和亚热带海岸的潮间带。它们分布在世界主要的海域，在温暖宁静的阴暗水域生长。

下舌藻

暗紫红毛藻

薄叶藻

红海膜

滑叶藻

藻类是如何繁殖的

藻类既可以进行无性繁殖也可以进行有性繁殖，在一定的环境中两种繁殖方式可以交替进行，这取决于藻类的种类和环境条件。无性繁殖发生在细胞分裂或孢子生成之时。在有性繁殖中，配子（生殖细胞）受精后形成受精卵，受精卵长成新的藻类。无性繁殖没有基因交换，以这种方式生成的藻类是母体的克隆体。有性繁殖生成的藻类则具有新特征，或许能帮助它们更好地适应环境。

无性繁殖

无性繁殖的过程中不需要受精，可以通过两种方式完成：一种是分裂繁殖，即藻类的节片从主体分离出来，由于藻类不具备任何专门的器官，节片在环境条件适宜的情况下会继续生长；另一种方式是通过孢子将普通细胞转化为特殊细胞，一些藻类孢子具有一条或多条细丝或鞭毛，这能使它们自由游动，当环境适宜时孢子会长成新的藻类。

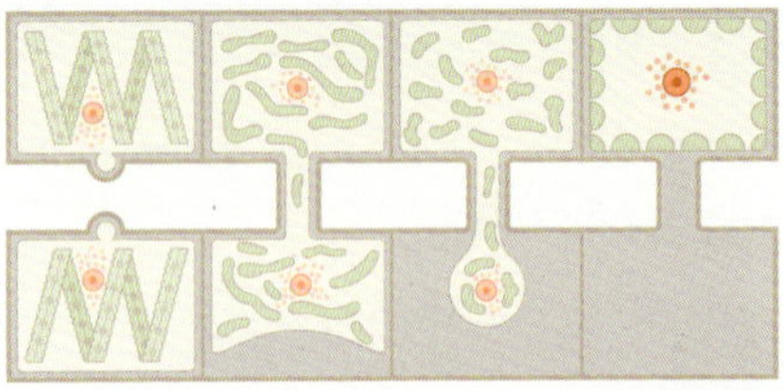

游动孢子
可以通过无性繁殖生成新个体的结构。

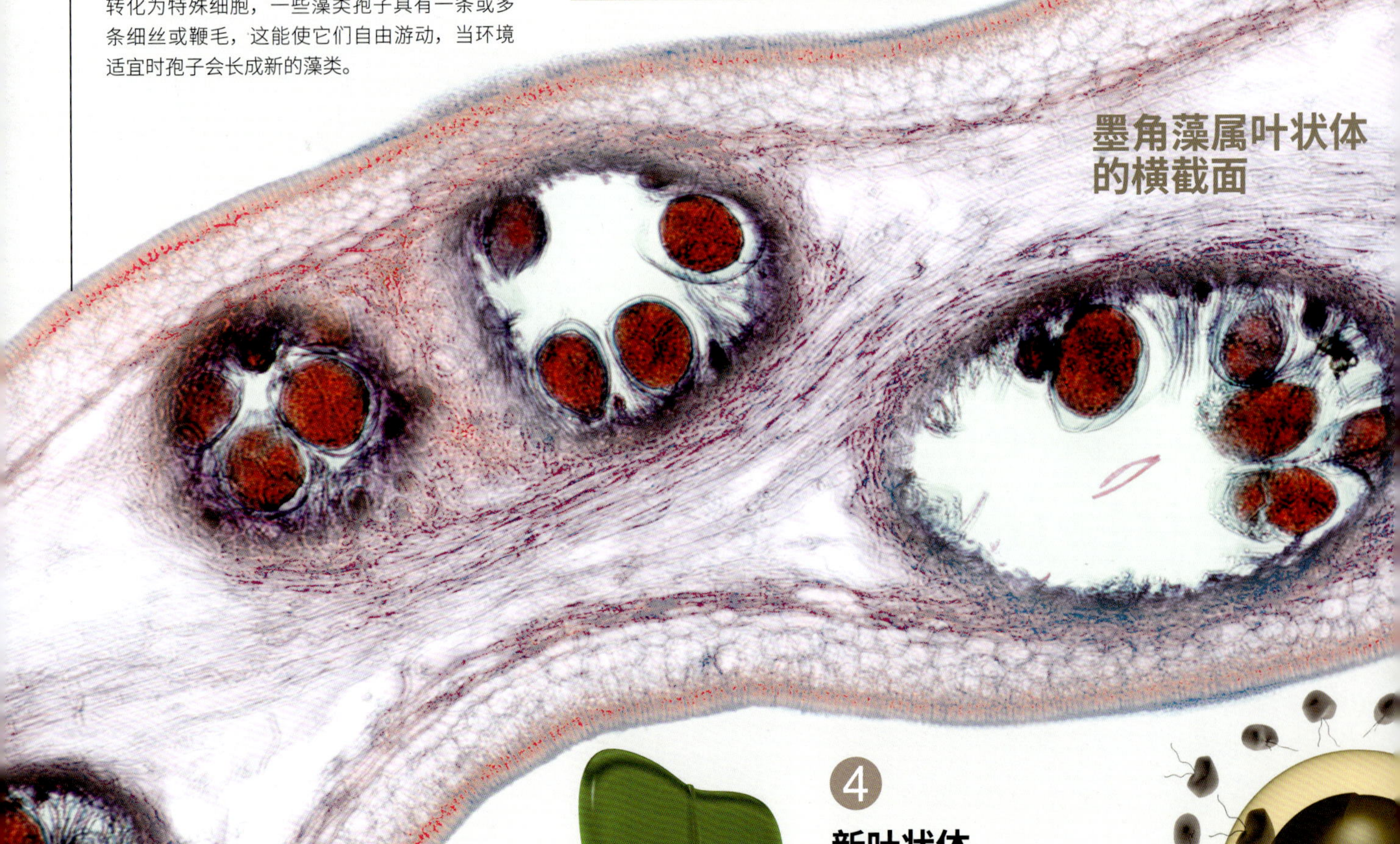

墨角藻属叶状体的横截面

新周期
年轻的叶状体在成熟时会生成孢子。

4 新叶状体

受精后受精卵分裂并形成胚芽，即依附在岩石上的小细胞群，墨角藻的新叶状体会在这里生长。叶状体看上去很像植物的茎干，它具有叶片，外形与叶子类似。

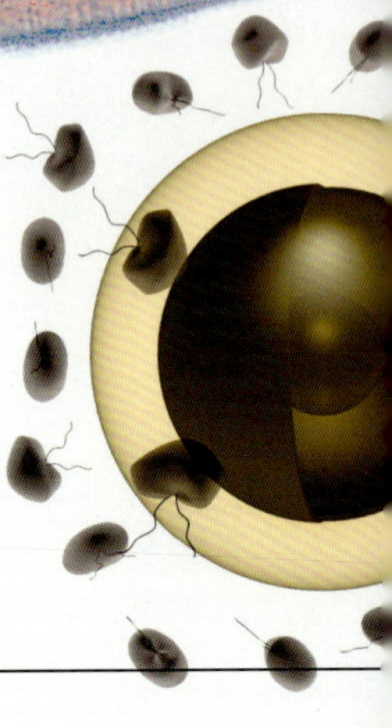

有性繁殖

孢子体可在任何微生藻类中产生孢子，由这些孢子中生成的新个体称为配子体，配子体可生产出雄性、雌性或是雌雄同体的配子。在受精期间，雄性配子（精子）和雌性配子（卵子）结合形成受精卵细胞，受精卵细胞会成长为新的叶状体。配子细胞和孢子体的形态多种多样，它们之中形态相似的称为同形，不相似的称为异形。

雄性墨角藻
雄性墨角藻长有能生成精子的囊托。

❶ 精子囊

即雄性配子囊（生成配子的结构），生产能游动的精子。这些精子长有两根鞭毛，体形比卵子或雌性配子小，它们会一直游动直到找到卵子，然后将其包裹起来。

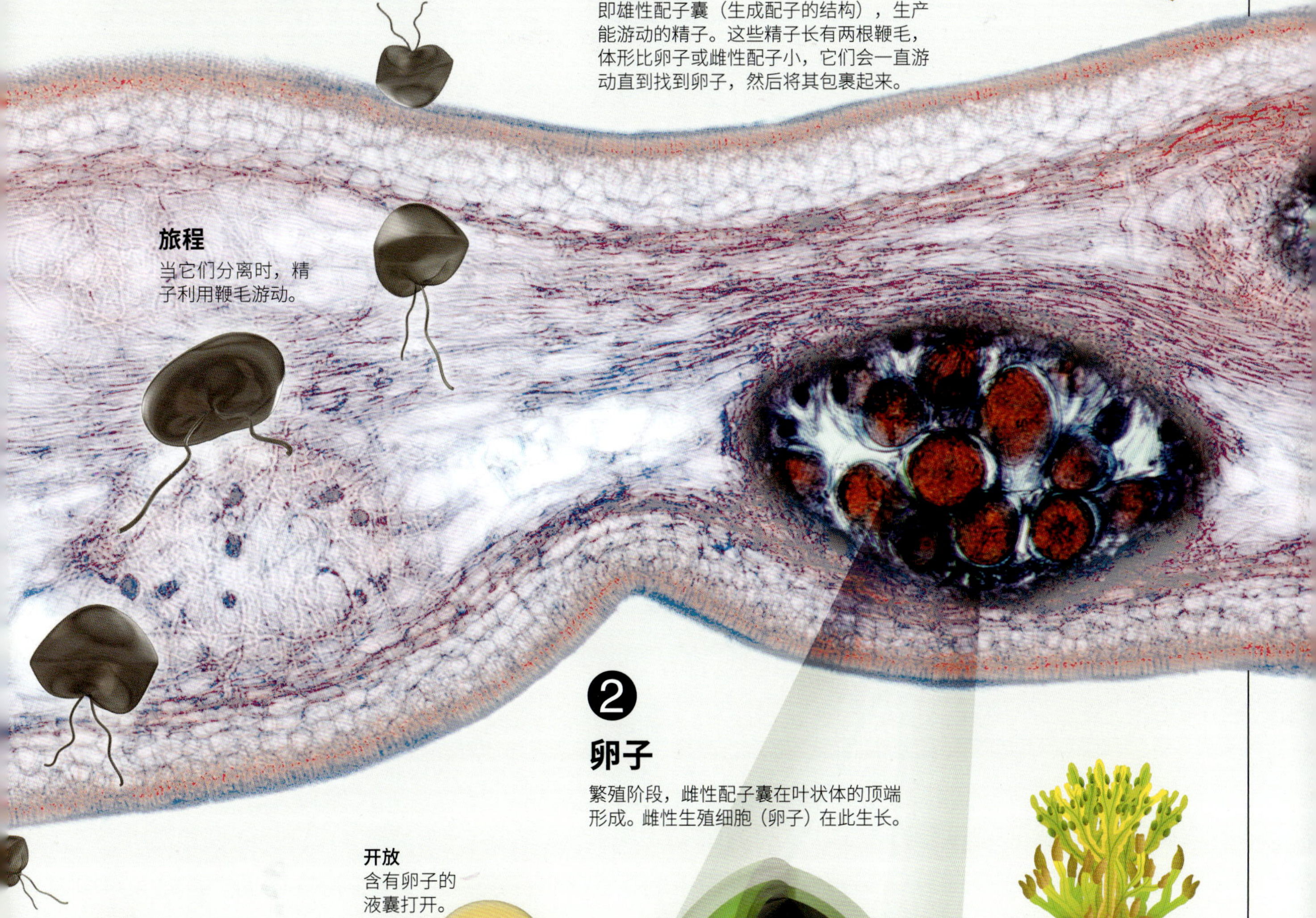

旅程
当它们分离时，精子利用鞭毛游动。

❷ 卵子

繁殖阶段，雌性配子囊在叶状体的顶端形成。雌性生殖细胞（卵子）在此生长。

开放
含有卵子的液囊打开。

抵达
游动的精子到达时雌性配子正好开放。

雌性墨角藻
囊托分泌一种含有雌性配子的绿色凝胶，当凝胶囊破裂时里面的配子会游出来。

❸ 受精

藻类通过繁殖形成新个体，受精和无性繁殖都是它们生存的自然手段。当游动的精子进入卵子时与卵子结合并形成受精卵。

陆生藻类和水生藻类

水的存在确保了藻类的生存，藻类既可以生活在海水中，也可以生活在淡水中，不是所有的藻类都能同时在这两种环境中生存。水的深度、盐度和温度是决定藻类能否在特定区域生存的因素。藻类包括绿藻、褐藻和红藻等，其中红藻通常生活在深水中。有些藻类可以脱离水体生存，但仍需生活在潮湿的地方，如污泥、石墙或岩石中。

1 深度

海洋藻类生长在阳光能照射到的地方，阳光被海水完全吸收的深度范围为200～400米。绿藻和褐藻通常生活在靠近海岸的地方，也可以生活在陆地的死水体中。绿藻、褐藻和红藻可以在远离海岸的深水中生存，红藻能生活在更深的水域中。每片领域都有特征鲜明的动植物种群生存，代表着特定的生存环境。

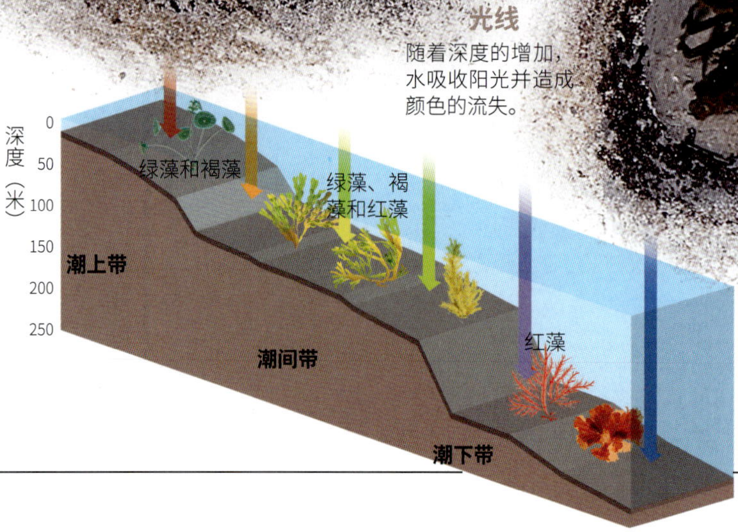

地球上存在的绿藻种数约为

7 000种。

这些藻类有着不同的特征，它们大部分生长在海洋中，其余的多数在淡水中存活。

② 盐度

地球表面的水分为两类：咸水（由海水组成）和淡水（或大陆水）。海水中含有的溶解盐的浓度大致是均匀的，而大陆水中的盐度则各不相同，这会对生存在其中的生物造成不同程度的影响。

海水

盐	%
HCO_3^-	0.4
Ca^{2+}	1.2
Mg^{2+}	3.7
Na^+	30.6
K^+	1.1
Cl^-	55.1
SO_4^{2-}	7.7

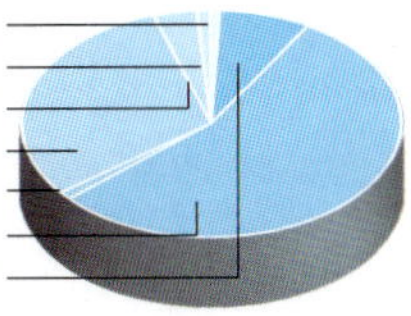

淡水

盐	%
Ca^{2+}	17
Mg^{2+}	3.2
Na^+	3.0
K^+	1.8
Cl^-	3.3
SO_4^{2-}	8.2
HCO_3^-	63.5

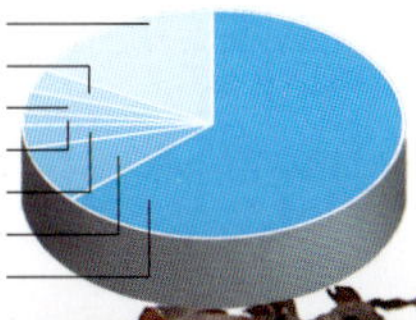

③ 水温

水温因纬度和海流的不同而呈现多样化，它是决定藻类生存区域的重要因素。太阳辐射为海洋提供的热能因其入射角度的大小而不同，但水流和潮汐会分散该能源。海水的温度还取决于其深度，随着深度的增加而降低。

藻类产业

上千年以来中国一直把藻类用作食品和中药，但藻类的大规模工业化运用却起源于 17 世纪日本从褐藻灰烬中提取氢氧化钠和氢氧化钾。一个世纪以后西方国家开始采集藻类，以便从中提取碘以及其他具有高经济价值的化合物，如藻胶（可从多种藻类中获得的凝胶状物质）。使用最广泛的藻胶为琼脂、卡拉胶和褐藻胶。

掌状红皮藻
掌状红皮藻属

如何获取藻类

大多数藻类的捕捞工作仍是手工完成的，但一般获取大型藻类（如加勒比海的马尾藻）会使用特殊的船只，以便对其进行加工。第一步，也是很重要的一步是干燥，通常以自然方式进行，但在某些欧洲和北美国家，在这个步骤中使用了大型的火力烘干筒。虽然使用烘干筒会增加成本，但是产品的质量也会相应提高。

日本手工获取石花菜藻类的效率为

1.5吨/天。

清洗和漂白

对碱化处理后的藻类进行凉水清洗。为了确保过程的稳定，会在水中注入起泡的压缩空气，然后添加次氯酸钠对藻类进行漂白。可在混合物中添加一些硫酸以控制酸性。

2小时

这是藻类蒸煮的大致时间。

应用领域

藻类提取物可以用来制作食品、药物、化妆品、医疗用品甚至工具。它们可以用作乳化剂、稳定剂、黏稠剂或净化剂。藻类提取物可用于制作冰激凌派的馅、布丁和沙拉酱，还可以用于制作齿模、拉丝的润滑剂，以及用作培养细菌的媒介。

用热风烘干藻类时的压强为

10千克/厘米^2。

5 完工

在碾磨成粉之前，藻类产品必须经过数次磨碎和筛选，以排除结块和杂质。在藻产品精加工时进行抽样，检测通过后，对最终产品进行包装。

4 烘干

通过压榨机的尼龙层间挤压出约1厘米宽的凝胶片，将其放置在平台上烘干。随后这些薄片会被放置在传送带上，接受热空气流对其进一步烘干。

获得1千克干燥藻类需要新鲜藻类

4千克。

3 转换

最初的过滤阶段只能使用水和过滤土。在这个阶段藻类混合物必须保持持续运动，并注入蒸汽防止其分离。之后混合物进入不锈钢管道进行冷却，在这里可以得到含有1%琼脂的凝胶。

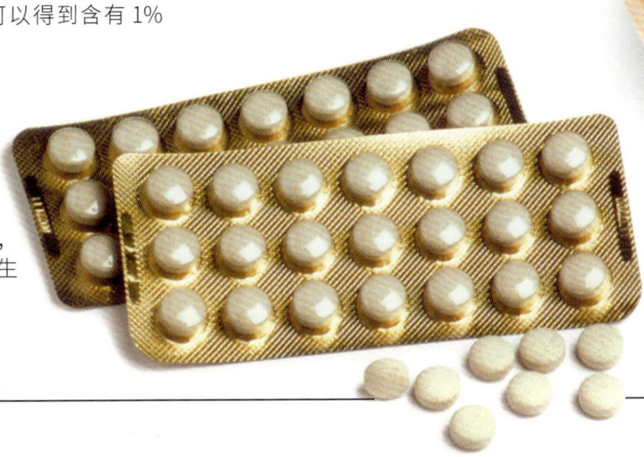

在医药领域
琼脂具有通便功能，还可以用作培养微生物的媒介。

胶体
藻类提取物只溶于热水。胶体可用来增加奶制品（如奶酪）或其他食品的黏稠度。

奇怪的伙伴

地衣是菌类和藻类（通常为绿藻）亲密接触的产物，虽然它们通常出现在寒冷地带，却可以适应多种气候环境。地衣可以在北极冰原生存，也可以在沙漠和火山地带生存。它们生长在岩石上，从那里获取生存所需的矿物质，并促使岩石向土壤转化。地衣是环境污染程度的重要指示器，因为污染的加剧会导致它们灭亡。

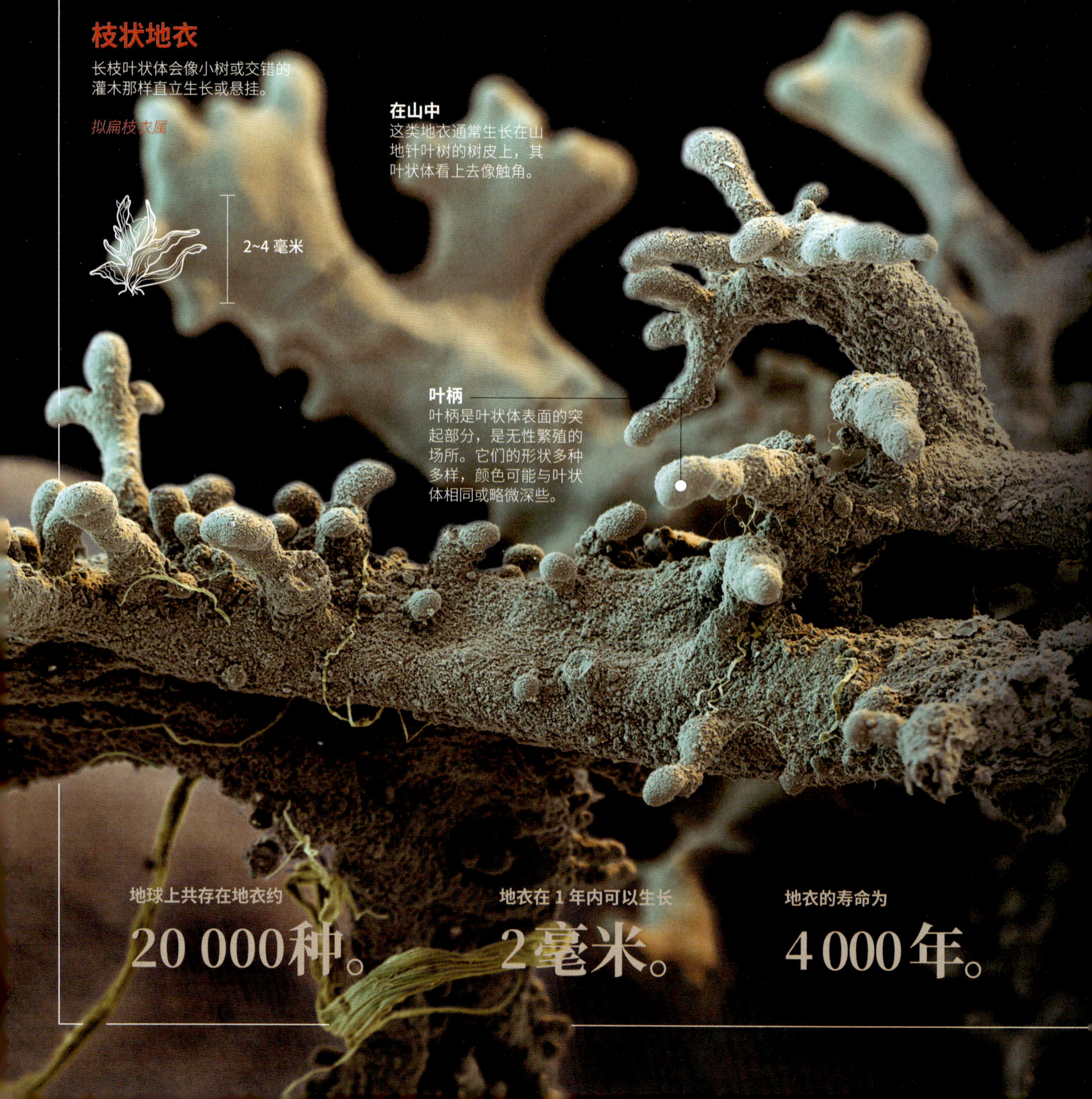

枝状地衣

长枝叶状体会像小树或交错的灌木那样直立生长或悬挂。

拟扁枝衣属

2~4 毫米

在山中

这类地衣通常生长在山地针叶树的树皮上，其叶状体看上去像触角。

叶柄

叶柄是叶状体表面的突起部分，是无性繁殖的场所。它们的形状多种多样，颜色可能与叶状体相同或略微深些。

地球上共存在地衣约

20 000种。

地衣在 1 年内可以生长

2毫米。

地衣的寿命为

4 000年。

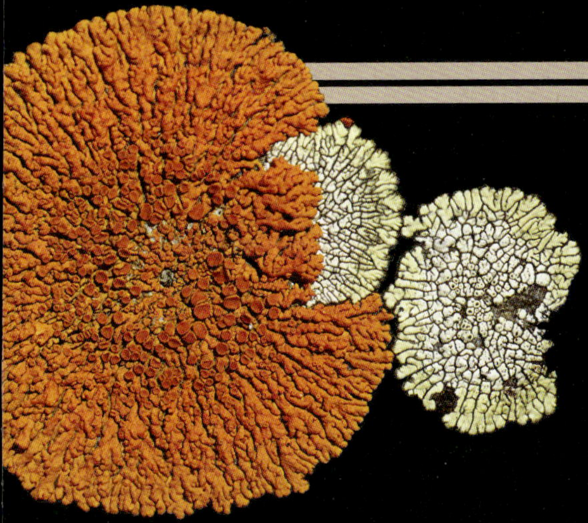

壳状地衣

外观呈鳞片状，紧密贴附在基物上，以片状或网眼状延伸或分裂。

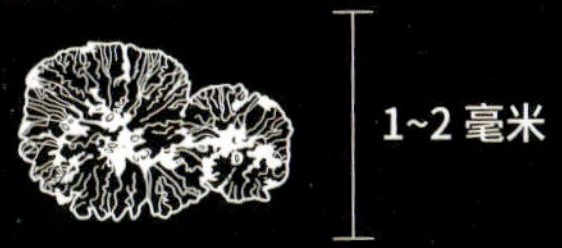

生存环境

地衣可以在寒冷地带生存，也可以在亚马孙雨林和沙漠地带生长，它们对环境污染十分敏感。

树皮生 在树干和树枝上生长。

陆生 在森林土壤中生长。

石生 在岩石和墙壁上生长。

象征关系

地衣是菌类和藻类共生的结果，它们互利互惠。在地衣中，菌类为藻类提供支撑和水分，并保护它们免受灼热和脱水的危险；而藻类则通过光合作用为自身和菌类生产食物。

如何生成

1. 菌类的孢子遇到藻类。
2. 孢子环绕着藻类生长，藻类繁殖。
3. 它们形成一个新的有机体（地衣原叶体）。

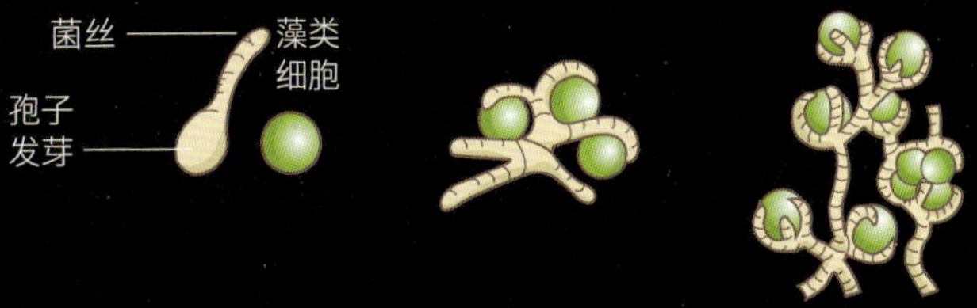

叶状地衣

一种艳丽的地衣，具有枝叶繁茂的外观。它们是最普遍的大型地衣。

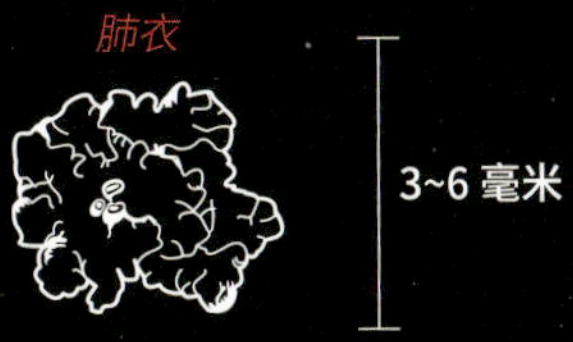

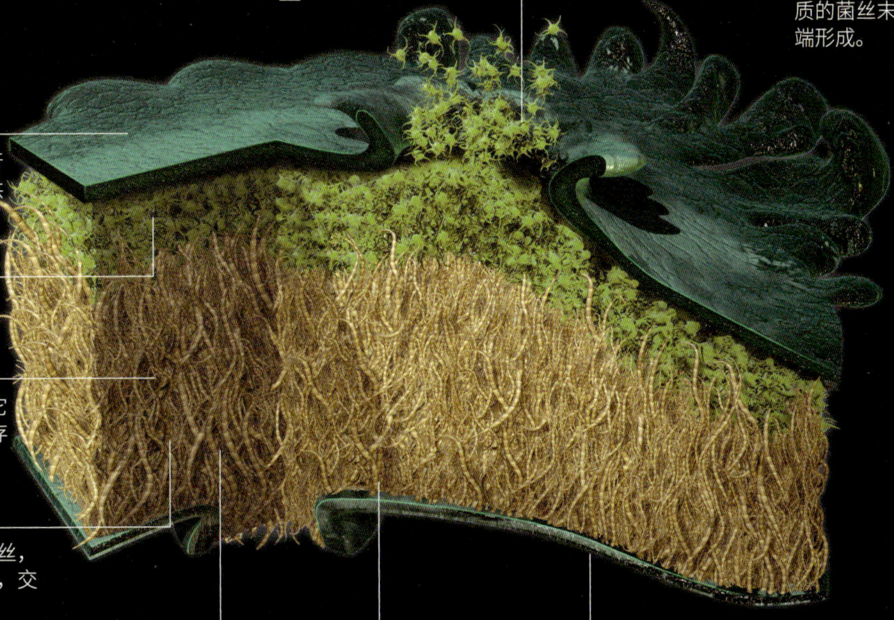

苔 藓

苔藓是地球上最早出现的植物之一。它们属于苔藓植物门，在4亿年前由绿藻演变而来。苔藓只在有液态水存在的环境下繁殖。由于成群地生长，它们看起来像绿色的毯子。这些初等植物可以视作环境污染的指示器，帮助缓解环境恶化。

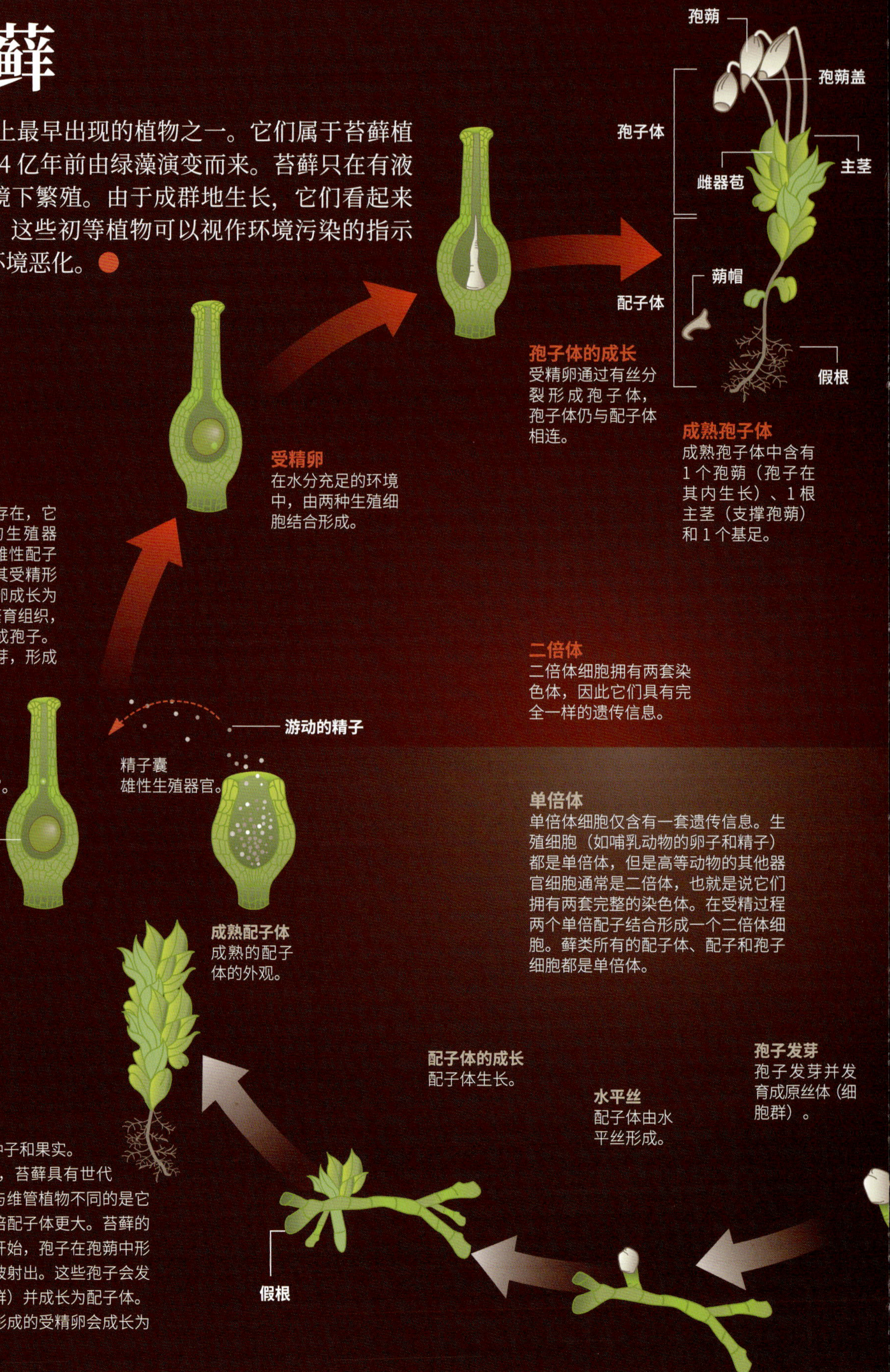

孢子体的成长
受精卵通过有丝分裂形成孢子体，孢子体仍与配子体相连。

成熟孢子体
成熟孢子体中含有1个孢蒴（孢子在其内生长）、1根主茎（支撑孢蒴）和1个基足。

受精卵
在水分充足的环境中，由两种生殖细胞结合形成。

受精

绿色配子体可以常年存在，它们能生成产生配子的生殖器官。当水分充足时，雄性配子接触到雌性配子并使其受精形成受精卵，随后受精卵成长为孢子体。孢子体具有繁育组织，在经历成熟分裂后形成孢子。孢子掉落到土壤中发芽，形成新的配子体。

二倍体
二倍体细胞拥有两套染色体，因此它们具有完全一样的遗传信息。

单倍体
单倍体细胞仅含有一套遗传信息。生殖细胞（如哺乳动物的卵子和精子）都是单倍体，但是高等动物的其他器官细胞通常是二倍体，也就是说它们拥有两套完整的染色体。在受精过程两个单倍体配子结合形成一个二倍体细胞。藓类所有的配子体、配子和孢子细胞都是单倍体。

成熟配子体
成熟的配子体的外观。

配子体的成长
配子体生长。

水平丝
配子体由水平丝形成。

孢子发芽
孢子发芽并发育成原丝体（细胞群）。

生命周期

苔藓没有花朵、种子和果实。与其他植物一样，苔藓具有世代交替的生命周期，但与维管植物不同的是它们的单倍配子体比双倍配子体更大。苔藓的生命循环从释放孢子开始，孢子在孢蒴中形成，当孢蒴盖打开时被射出。这些孢子会发芽生成原丝体（细胞群）并成长为配子体。由两种生殖细胞结合形成的受精卵会成长为孢子体。

12 000种藓类

已在非维管植物的苔藓植物门中被鉴定。

减数分裂

减数分裂是细胞分裂的一种类型，其中每个子细胞仅接收一套完整的染色体，因此形成的细胞仅拥有母细胞染色体的一半。在通常情况下，这种机制只生成配子，但是苔藓会在孢子体的孢蒴中生成单倍孢子。

微型植物

苔藓属于苔藓植物门，体型较小，通过假根附着在底层。它们通过微型“叶子”进行光合作用，这些叶子没有维管植物真正叶片所具有的特殊结构。在生态环境中，苔藓起着非常重要的作用，它们参与了岩石分解形成土壤的过程，并且协助雨林中的附生植物进行光合作用。它们的无性繁殖是通过分枝的断裂来进行的。

孢子体
孢子体不能独立存在，但可以在消耗配子的情况下生存。孢子体的生命周期很短，并且只在每年的特定时期生存。

孢子的传播

蕨类已经在地球上生存了 4 亿多年，是最古老的植物之一。它们的叶子具有孢子囊群结构，这个结构中有能够储存孢子的孢子囊。当孢子囊群干枯成熟时会向空中释放孢子，孢子在接触地面后形成配子体。在雨季或水分充足时，配子体中的雄性配子会游向雌性配子，使其受精并形成合子，从而成长为孢子体。

1 诞生

合子成长为孢子体，用肉眼可以观察到。在一些情况下，它的外观呈有锯齿的叶状。

拳卷幼叶展开
是芽体顶端叶状体展开的方式。

2 成熟

当孢子体成熟时，它会生成大量聚集在一起的孢子囊，在孢子体叶片的背面形成孢子囊群。

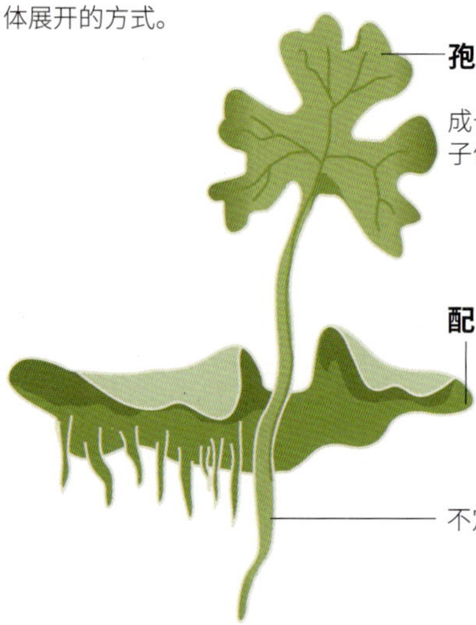

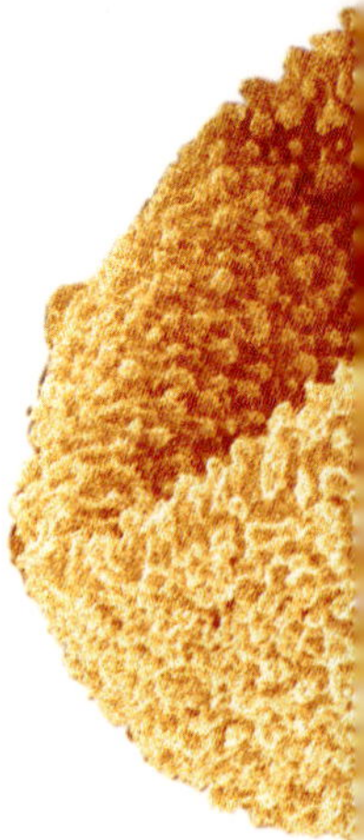

5 受精

雄性和雌性器官的原叶体是不同的。在有液态水的情况下，雄性配子会游向卵子并使其受精。

地球上存在的蕨类有约

12 000 种。

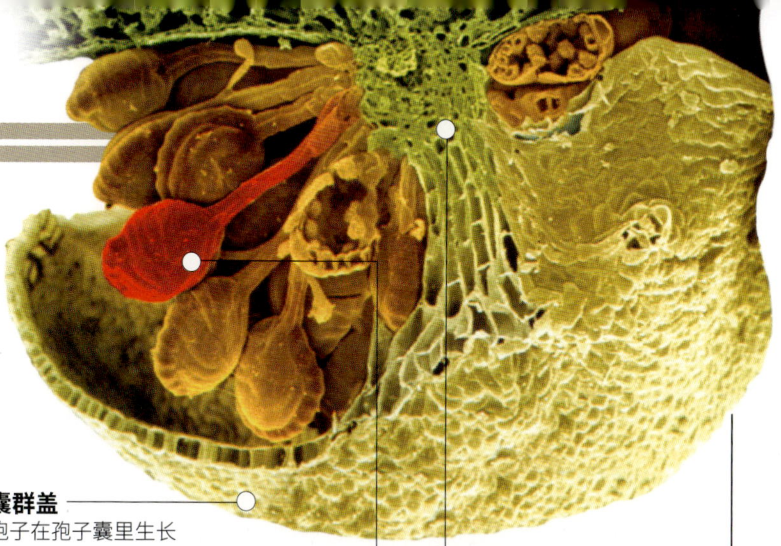

3 孢子的弹射

当孢子囊干枯成熟时，它们会通过弹射机制来释放孢子。

3亿

这是一片蕨类叶片可生成的孢子数量，它们的总质量为1克。

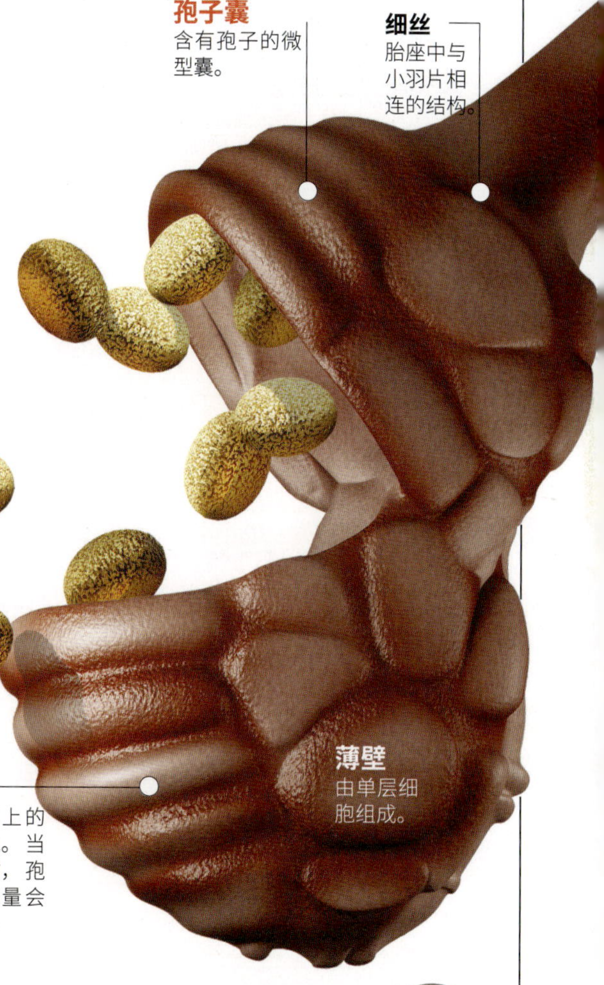

4 发芽

当孢子遇到适宜的环境时会成长为多细胞结构，并形成单倍配子体，称为原叶体。

薄壁孢子囊是如何形成的?

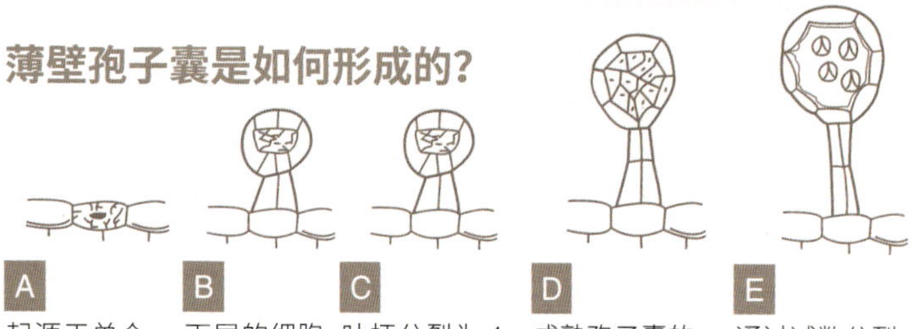

种子植物

与动物不同，植物寻找有利于自身生存和生长环境的能力有限，因此它们以不同的方式演化——通过种子繁殖来增加种群数量。种子必须在最佳萌芽时间到达适宜的位置，不同种类的植物通过不同的方式来实现这一目标。

花粉接触柱头

这是形成一粒种子的第一步，在下面这幅放大的图中可以看到附子草（山金车）柱头上的花粉颗粒。

有些植物生产大量的种子，还有一些植物将种子包裹在一层坚硬的物质中，通过雨水和冬天的严寒使其软化从而在春天发芽。在本章中你将会了解到植物从授粉到形成新生命是如何一步步实现的。●

种子的去向

利用种子进行繁殖是植物征服陆地环境的最突出的演化优势。种子的种皮保护着能发育成植物的胚芽，胚芽在组织提供的营养物质供养下开始发育。理想的温度、适宜的水分和空气是刺激种子苏醒，并进入生长周期的重要因素，植物的生长最终将导致新种子的产生。

1 种子的苏醒

诸如虞美人的种子，当接收到足够的光线、水分和空气时会从休眠阶段苏醒。这时它们打开保护层，胚芽由子叶或种子叶片供应营养物质并生长。

2 向地性

由于地心引力，淀粉体总是聚集在细胞的下部，产生促使根部向地心生长的刺激物，这个过程称为向地性。

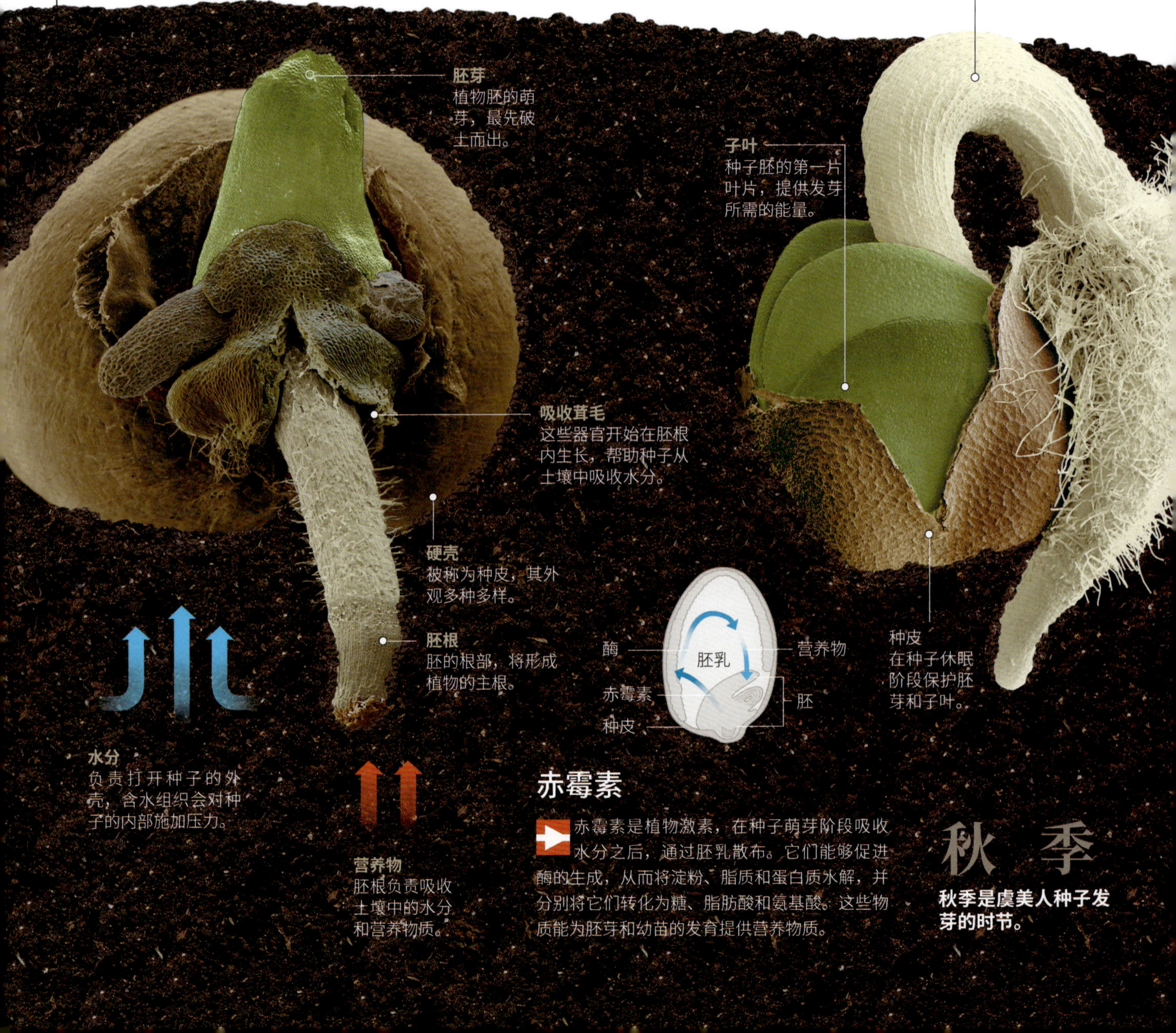

赤霉素

赤霉素是植物激素，在种子萌芽阶段吸收水分之后，通过胚乳散布。它们能够促进酶的生成，从而将淀粉、脂质和蛋白质水解，并分别将它们转化为糖、脂肪酸和氨基酸。这些物质能为胚芽和幼苗的发育提供营养物质。

秋季

秋季是虞美人种子发芽的时节。

3 成长

幼芽冲破地面得以接触到阳光，植物开始进行光合作用，为自己生产食物以取代子叶提供的营养物。

4 植物生长

最初的真叶在子叶上方伸展开，接着茎干由位于植物顶端的分生组织延伸而成。之后植物进一步生长成为成熟植物，繁殖结构渐渐形成。

5 花朵各部分的生成

顶芽开始生成花的生育结构（雌蕊和雄蕊）和不参与发育的结构（花瓣和萼片）。花蕾形成。

6 开花

当花蕾打开时，花朵开始绽放，它们按轮生或环状排列。被称为花冠的轮生体含有花瓣，而两个内部轮生体内有花朵的繁殖器官——雄蕊和雌蕊。

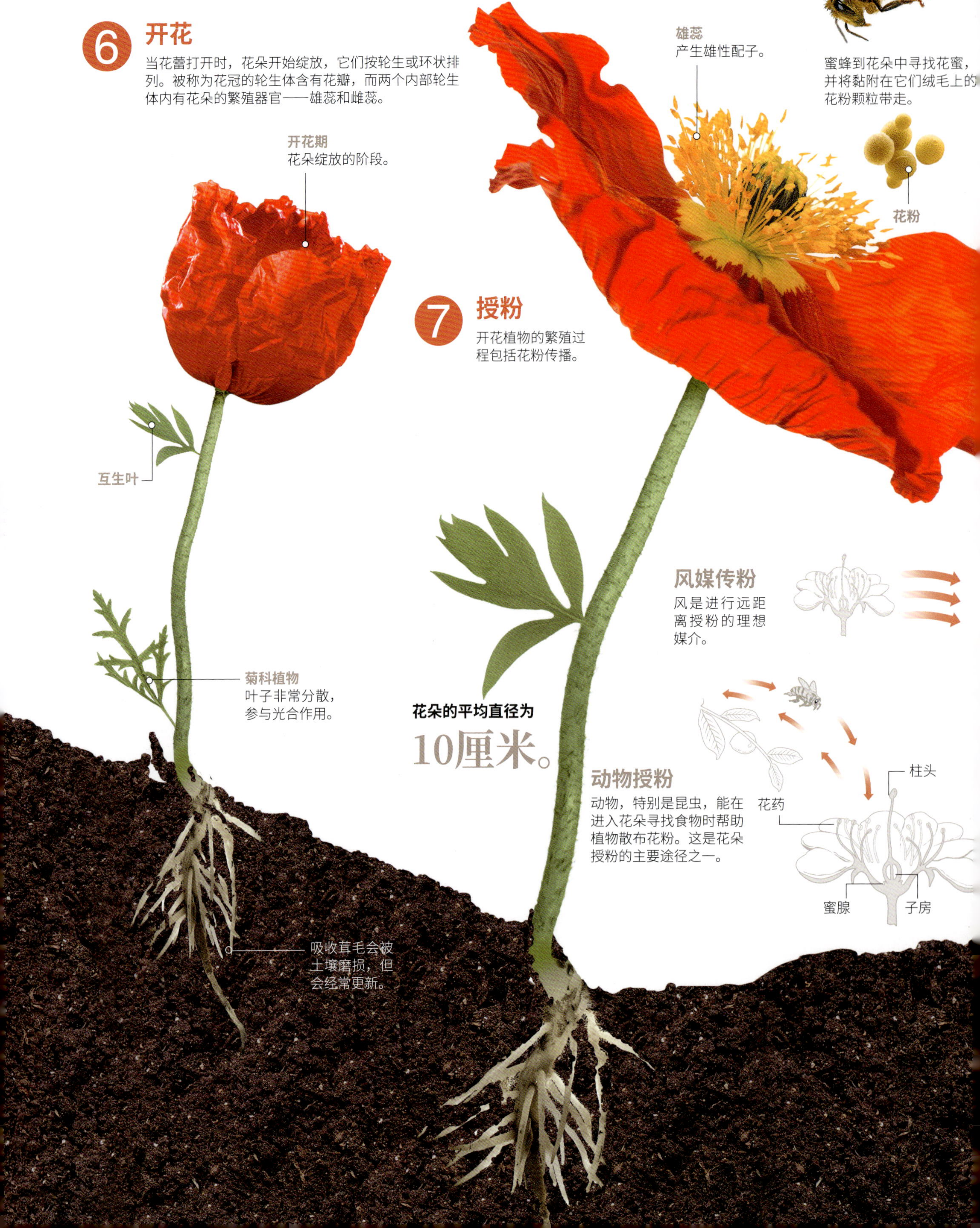

7 授粉

开花植物的繁殖过程包括花粉传播。

蜜蜂到花朵中寻找花蜜，并将黏附在它们绒毛上的花粉颗粒带走。

花朵的平均直径为

10厘米。

风媒传粉

风是进行远距离授粉的理想媒介。

动物授粉

动物，特别是昆虫，能在进入花朵寻找食物时帮助植物散布花粉。这是花朵授粉的主要途径之一。

8 果实

种子在果实内生长。每粒种子都能成长为一个新的生命。

9 成熟的果实

果实散播种子。虞美人的果实成熟后非常干燥，会自行打开，这会促使种子通过空气传播。

10 传播

虞美人的果实类似一个顶部有小开口的容器，这个开口有助于传播种子。

11 种子

每粒种子都能通过空气、水或动物传播，并在适宜的环境条件下生根发芽成长为新的幼苗。

3 000个

这是一个成熟虞美人果实中所含有的种子数量。

共同点

当一粒种子遇到适宜的环境时，就开启了它的生命周期。每类开花植物都有自己的生命周期方式，此处展示的是典型的被子植物的周期阶段。

土壤之下

根是通常生长在土壤下面的植物器官。它具有正向地性，主要功能是吸取水分和无机营养物，并把植物固定在地面上。根是确定植物特征的基本要素，它们的内部结构多种多样，但由于没有叶子或节点，通常比茎干更单一。

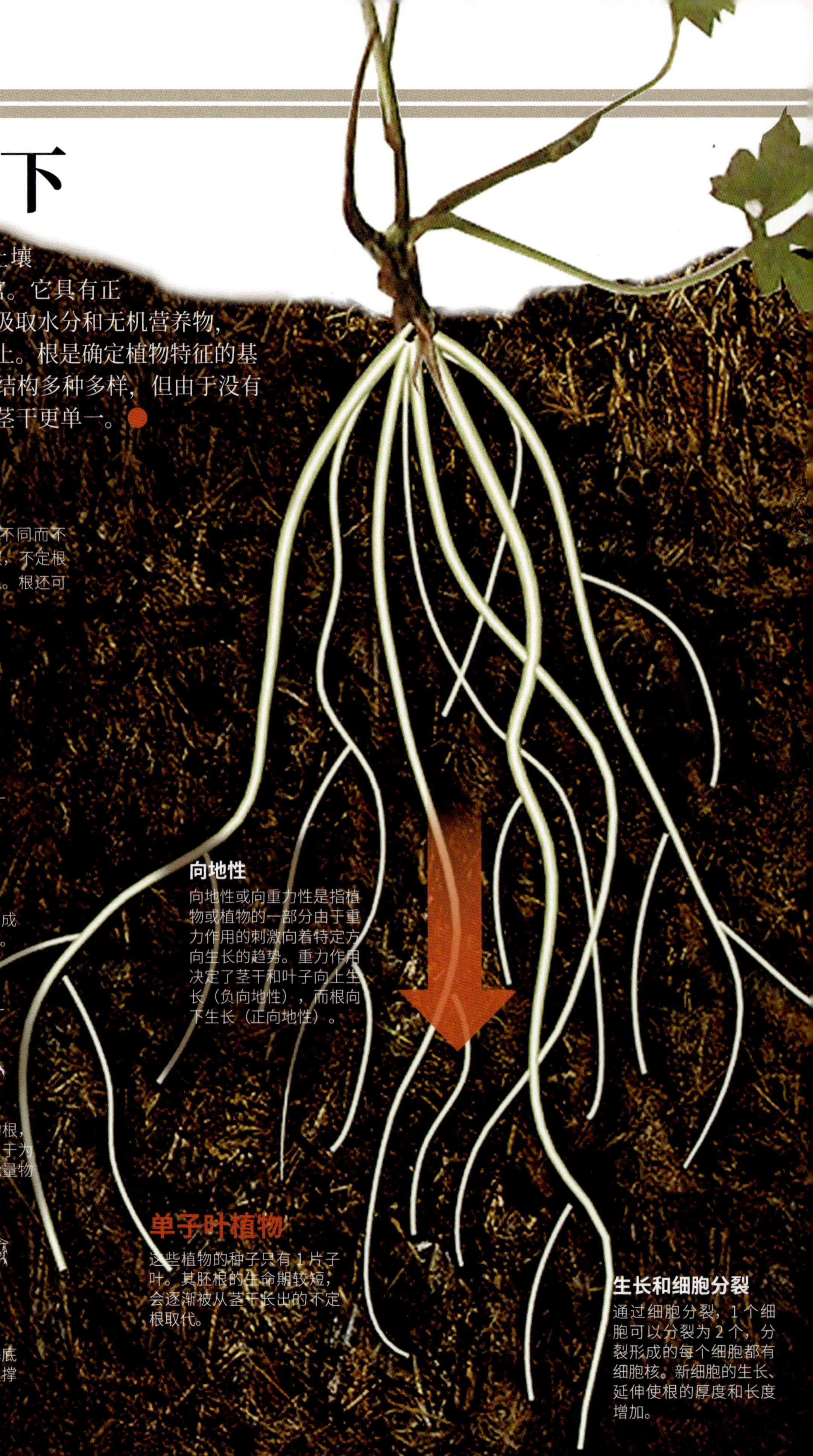

根部类型

根因发育成它们的部位不同而不同。主根源于胚芽的胚根，不定根则是源于植物其他器官的根系。根还可以根据它们的形态进行细分。

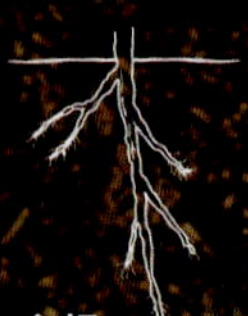

主根
向下生长，在其侧面具有未完全发育的次生根。

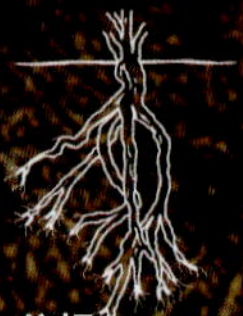

分根
主根分化生成其他次生根。

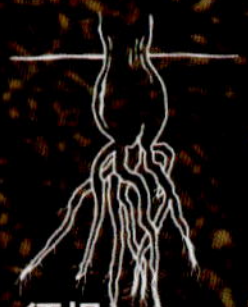

须根
根系由直径相似的根部群体组成。

块茎根
须根结构的根，其中一些由于为植物贮存能量物质而变粗。

球根
主根在贮存能量物质时变粗，顶端形成突出的锥形。

板状根
在树干的基底形成，起支撑作用。

向地性

向地性或向重力性是指植物或植物的一部分由于重力作用的刺激向着特定方向生长的趋势。重力作用决定了茎干和叶子向上生长（负向地性），而根向下生长（正向地性）。

单子叶植物

这些植物的种子只有1片子叶。其胚根的生命期较短，会逐渐被从茎干长出的不定根取代。

生长和细胞分裂

通过细胞分裂，1个细胞可以分裂为2个，分裂形成的每个细胞都有细胞核。新细胞的生长、延伸使根的厚度和长度增加。

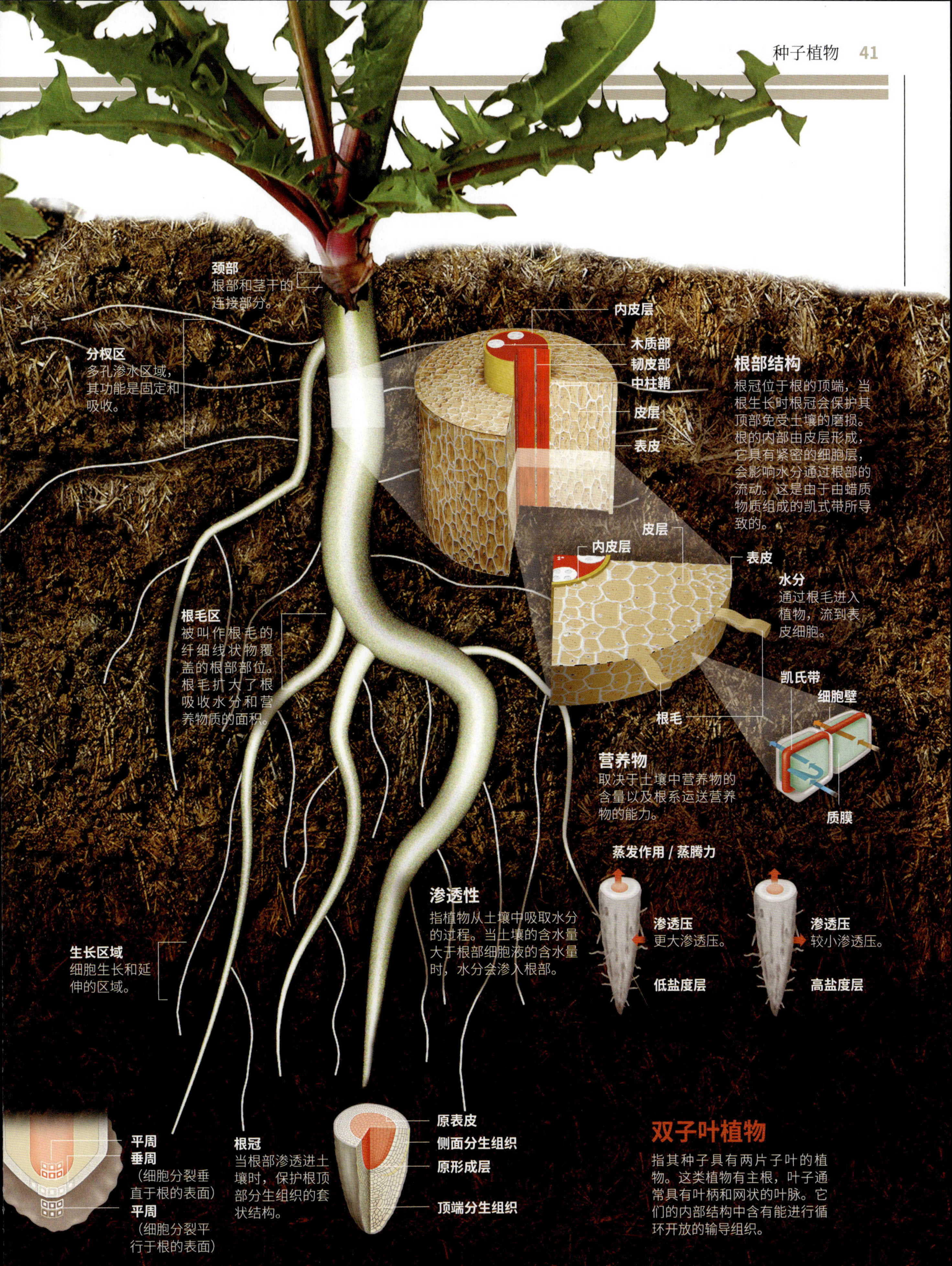

双子叶植物

指其种子具有两片子叶的植物。这类植物有主根，叶子通常具有叶柄和网状的叶脉。它们的内部结构中含有能进行循环开放的输导组织。

多种功能的茎干

茎干的形状和颜色多种多样，它们支撑着植物的叶子和花朵，决定了植物的高度，并能防止植物因风力而折断，还负责分配植物根部吸收的水分和矿物质。茎干具有导管，水分和营养物质在其中循环。乔木和灌木的茎干是木质的，能提供更好的支撑。

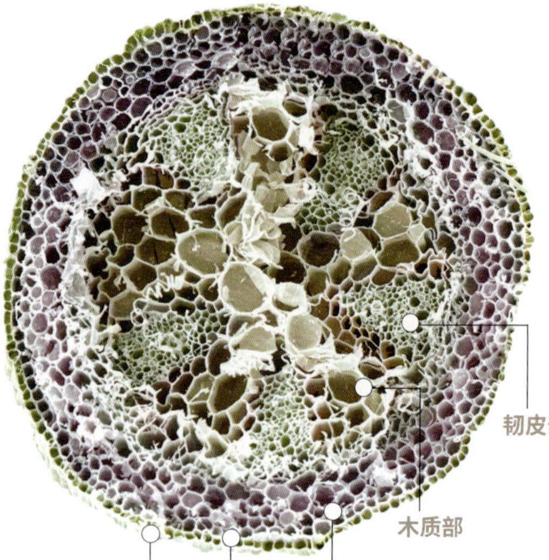

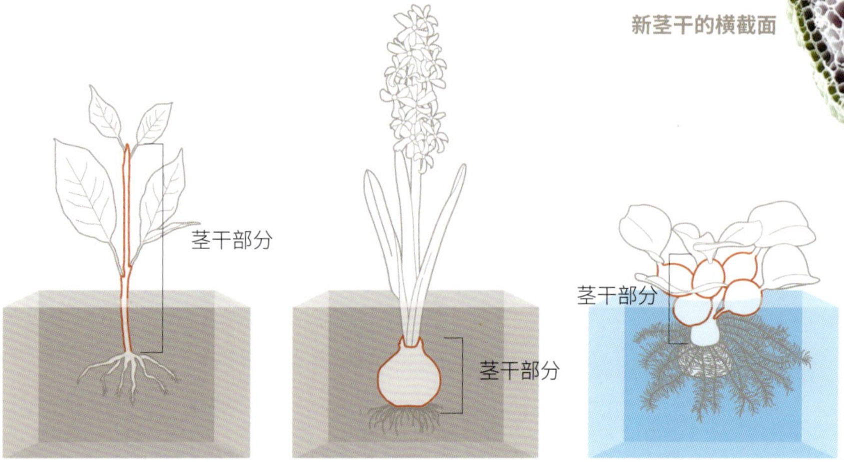

在空气中
茎干通常会分杈，如乔木和灌木。

在土壤中
某些种类植物的茎干具有不寻常的特征。

在水中
水生植物的茎干可以在水下生长。

刺菜蓟
刺苞菜蓟

茎干在不同媒介中的生长

茎干的粗细和形状多种多样，这反映了植物对不同环境的适应性。棕榈树和小麦是展示不同媒介对茎干演化影响的两个典型例子。棕榈树是最高的非木质植物，它们为了与其他植物争夺阳光必须长得很高。小麦则是气候寒冷、成长季节较短的地区的典型作物，它们的茎干细短，能够抵抗干燥寒风的侵袭和叶子的损失。

块茎
一种地下茎干，主要由充满淀粉的薄壁细胞构成。土豆块茎的小凹陷其实是腋眼。以另外一种长有地下茎干的植物洋葱为例，淀粉不是积聚在块茎中，而是在围绕茎干生长的厚叶中。

土豆
马铃薯

循环

茎干连接吸收水分和营养物的根部和生成食物的叶子，是根叶的连接组织。功能相当于内部交换物质的运输系统。茎干及其分枝不但支撑着获取阳光的叶子，还支撑着植物的花朵和果实。某些茎干有含叶绿素的细胞，能进行光合作用；还有一些茎干有能贮存淀粉及其他营养物质的特化细胞。

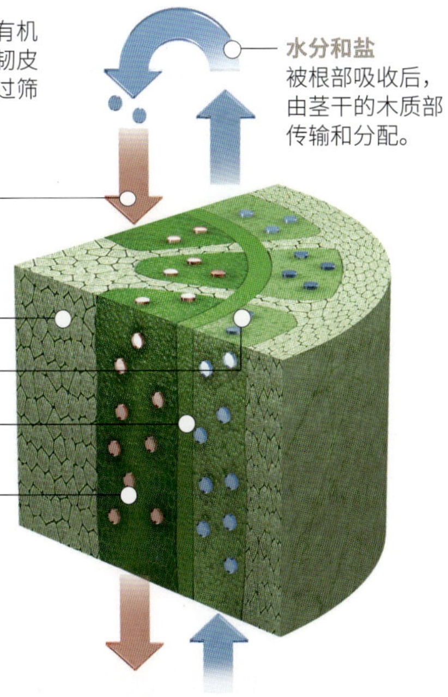

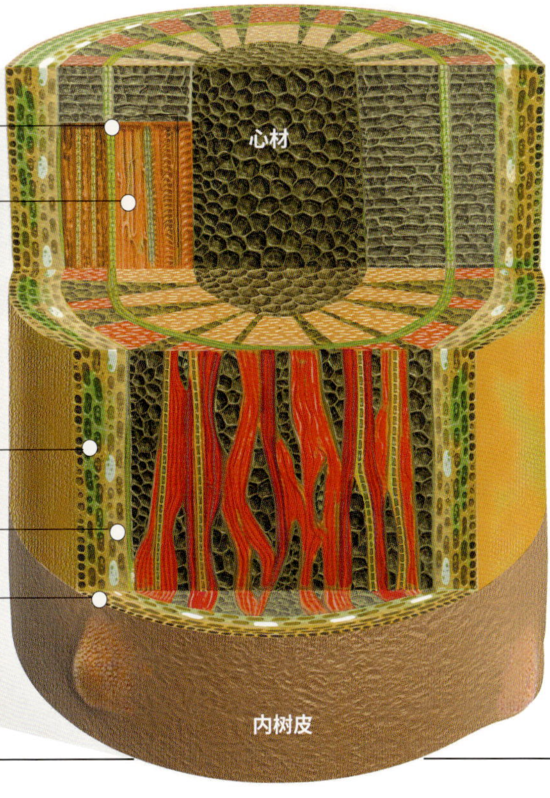

木质树芯

树木每年都会通过年轮来加粗树干，这个过程称为次生生长。由于年轮的构成成分和形成时间不同，每个新的年轮都与往年的不一样。树木是木材最大、最广泛的来源，可以加工成手伐材、原木或板材（常见于工业中）。科学家们通过年轮来计算树木的年龄。

1 开端
木质部和韧皮部之间形成的分生细胞层在基底组织内环绕生长，直到形成圆柱面。

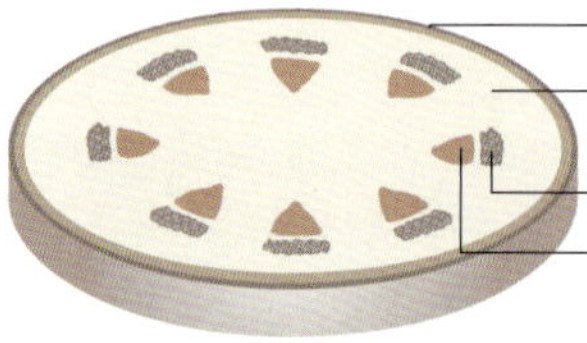

次生生长

次生生长出现在次生分生组织维管形成层和木栓形成层中。维管形成层位于木质部和韧皮部之间，在植物初生生长区的末端。次生生长产生向树干内生长的次生木质部和向外生长的次生韧皮部。

2 延伸
初生木质部和韧皮部在维管形成层分裂时形成。

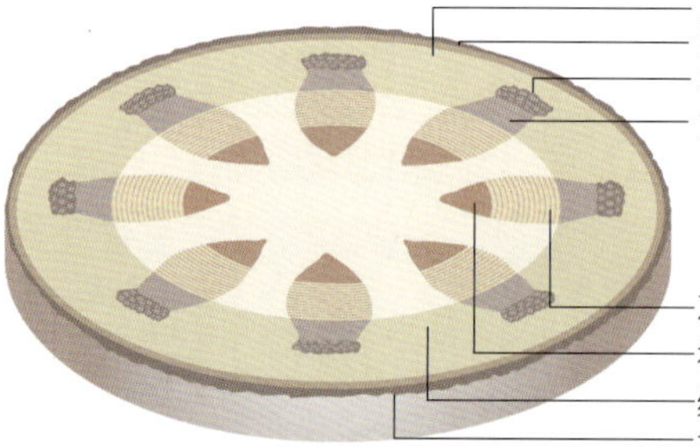

树木的年龄

树木年代学是专门研究树木年龄的学科。从树木诞生之时起形成的年轮数量代表着树木的年龄。

毒豆（又称金链花）
毒豆属

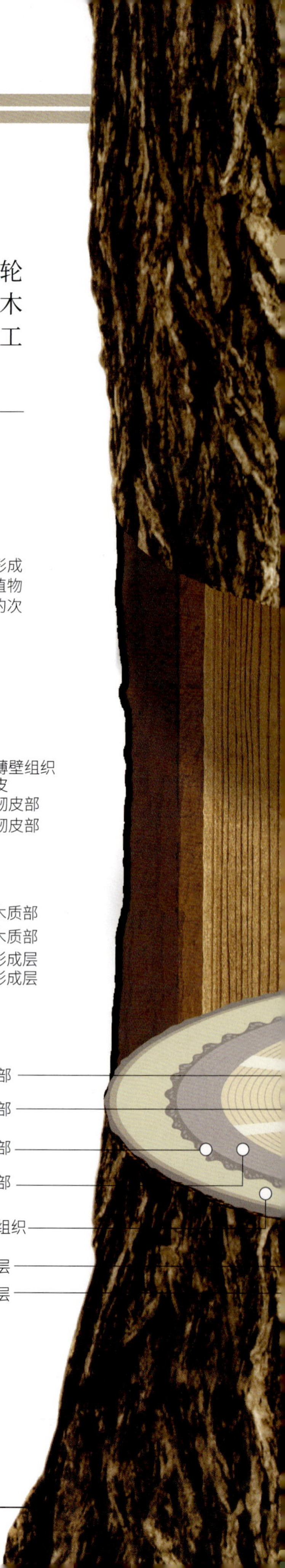

物种

在已知的 70 000 余种树木中，大部分是双子叶植物。然而，最古老的树木【约 4 900 岁的狐尾松（刺果松）】和最高的树木（约 110 米高的北美红杉）却是裸子植物。古植物学中记录的最古老的树木出现在泥盆纪时期。

韧皮部
它的主要功能是传输光合作用产生的能量（大部分为蔗糖形式）。

内树皮
是最年轻的年轮，因为每年都会生长出新的年轮。

木材的种类

木材来源于两种主要树种：

被子植物的木材是树木形成层活动和木质结构形成过程中的环境条件共同的产物。

针叶树木材（裸子植物）比被子植物的木材更为单一。树木组织主要由管胞组成。

3 终结
维管形成层形成初生和次生维管组织。

木质部
主要功能是将水分和矿物盐从根部运输到叶子。

边材
是树干的木质部分，由木质部组织构成，颜色苍白，厚度不一。

原木
使用前未经加工的木材，通常用于乡村和传统建筑业。

手伐材
是人工利用斧头砍伐而成的，在乡村建筑业中用作椽子和支柱，但是这种方式会损失大量的木材。

板材
在锯木厂中按规定尺寸通过手工或机械切削而成，是建筑业中最常用的木材类型。

生长的源泉

有些维管植物（也称为维管束植物）能年复一年地生长，这是因为它们的分生组织中有能持续分裂的茎干细胞群。分生组织分为两种：一种是顶端分生组织，推动植物的初生成长；另一种是侧部分生组织，促使植物的茎干加粗。由于分生组织细胞能生成新细胞，植物才得以生长，器官也得以更新。生长萌芽能使植物保持活力，使器官强韧、不断更新，使更新中的植物长出分枝、花朵和叶子。

无苞叶
有些植物的芽，如卷心菜家族（十字花科）中的植物，没有苞叶包裹，其生长区被外叶覆盖着。

叶柄内芽
腋芽与叶柄相连，叶子的生长能带动芽向外生长。这通常出现在有花序的植物或在枝条上开花的植物中。

叠生芽
腋芽生长在叶子的上方，与茎干相连。节间细胞的增长能带动叶腋芽生长。

分枝

芽通常位于主轴（顶芽）末端，或叶子与茎干的连接处（侧芽）。分枝的生长方式多种多样，这主要取决于芽的类型。如果顶芽比较普遍，分枝的生长形式为单轴生长；如果侧芽占大多数，分枝的生长形式则为合轴生长。针叶树是单轴生长的典型例子。双子叶植物的分枝普遍是合轴生长，单子叶植物的分枝全部为合轴生长。

大槭树
岩槭

叶序

植物的叶子按枝间节点排列的排序方式分布。每个节点可以生有一片或多片叶子。

交替
每个节点上只有一片叶子，叶子在连续节点上交替排列。这在单子叶植物和双子叶植物中都存在。

巨型海冬青
大刺芹

轮生
每个节点上有几片叶子，叶子围绕着连续节点呈螺旋状排列。

岩蔷薇
鸦片岩蔷薇

对生
每个节点上有两片叶子，两片叶子垂直于前后节点。

莲座鼠尾草
南欧丹参

苏醒

顶芽可以保持长时间的冬眠，当其生理条件和外界环境条件适宜时，它们会苏醒并伸展开。

叶子幼芽

芽的纵切面显示的是保护叶芽生长区的弯曲且交错的叶苗。

侧芽

这些芽生长在茎干的侧边，通常在茎干连接点处只有一个芽。在某些情况下，许多侧芽都围绕着枝条按照一定的顺序排列（连续芽），它们还能沿着环绕枝条或茎干的同一条横向线排列（并生芽）。

连续芽

这些芽位于保护叶和茎干的连接点，每一个在另一个之上呈立式排列。忍冬和叶子花属植物是这类芽的典型代表。

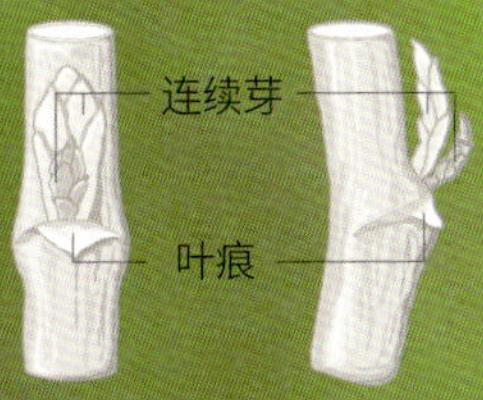

并生芽或邻接芽

位于同一片叶子连接点的两侧，每侧一个，呈水平排列。以大蒜为例，它的每个鳞茎都是一个腋芽。

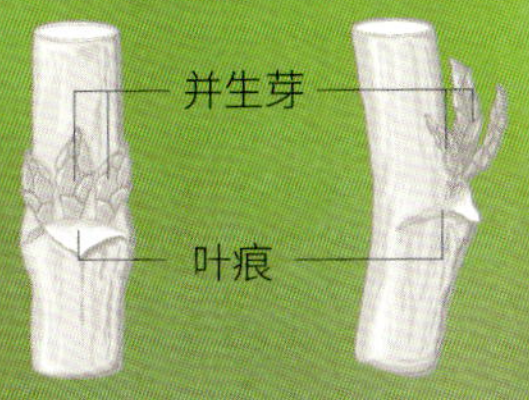

顶芽

顶部分生组织源于胚芽，能使茎干长得更长。在含有种子的植物（种子植物门）中，大量分生细胞沿着不同的平面分裂，增加了茎干的长度。

茎干顶部

能源生产者

叶子的主要功能是进行光合作用。它们的形状特别适于捕捉阳光能源，并将其转化为化学能。叶子细薄的体型既能使其体积最小化，又使其暴露在阳光下的表面最大化。但在这一基本规律下，它们仍会因天气条件的不同而呈现多种多样的形态。●

槭树属
该属的乔木和灌木以对生浅裂叶为特征。

单叶

在大多数单子叶植物中，一个叶柄上只有一片叶子。在一些情况下叶子可能在单边具有凸起或凹口，但是这些分裂始终不会达到叶子的初生叶脉。

复叶

当叶子从初生叶脉分离时，会形成单独的小叶。当复叶像羽毛的羽支一样从叶茎侧面生长出来时被称为羽状叶，而像人的手指一样排列时被称为掌状叶。

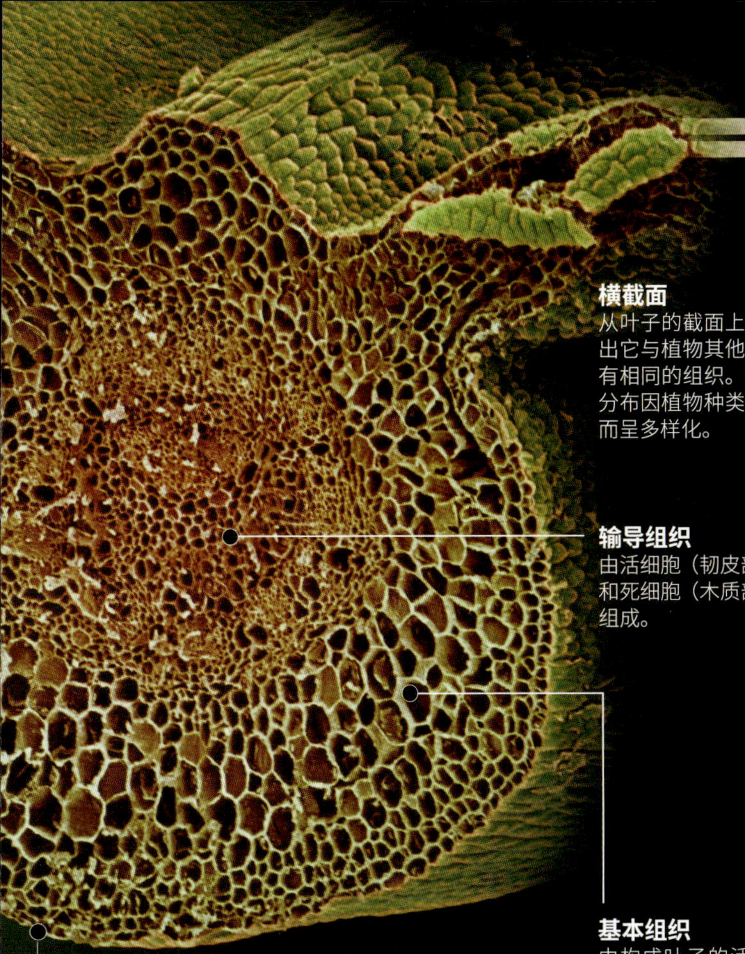

横截面
从叶子的截面上可以看出它与植物其他部分具有相同的组织。组织的分布因植物种类的不同而呈多样化。

输导组织
由活细胞（韧皮部）和死细胞（木质部）组成。

基本组织
由构成叶子的活细胞组成，通常含有叶绿体。

表皮组织
由活细胞组成，覆盖着所有叶子和整个植物的表面，产生形成角质层的物质。

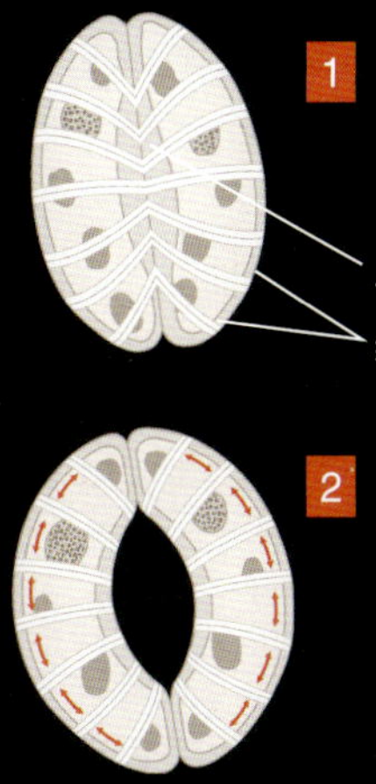

1 气孔闭合。空气无法从叶子内进出，这能保护植物不会因过度蒸发而损伤。

厚细胞壁位于毛孔区

纤维素微纤维

2 气孔打开。气孔细胞肿胀，随着压力的增加，细胞结构发生改变，从而能与外界进行气体交换。

植物与环境

二氧化碳和水蒸气在植物与环境间的交换是光合作用的关键，该过程会受内在或外在因素的影响，诸如光线、温度或湿度的改变会刺激气孔打开或闭合。

改造和优势

针叶树对自己的叶子进行了改造。此类裸子植物在进化中将叶子的表面积大幅度缩减，这使它们比拥有大面积叶子的植物更具适应优势——能承受更大的风力，在干旱气候下的蒸发量更小。此外，它们还能避免在叶子上堆积大量的积雪而造成超重。

卷须
指葡萄树等攀爬植物的叶子发生的适应性变异。

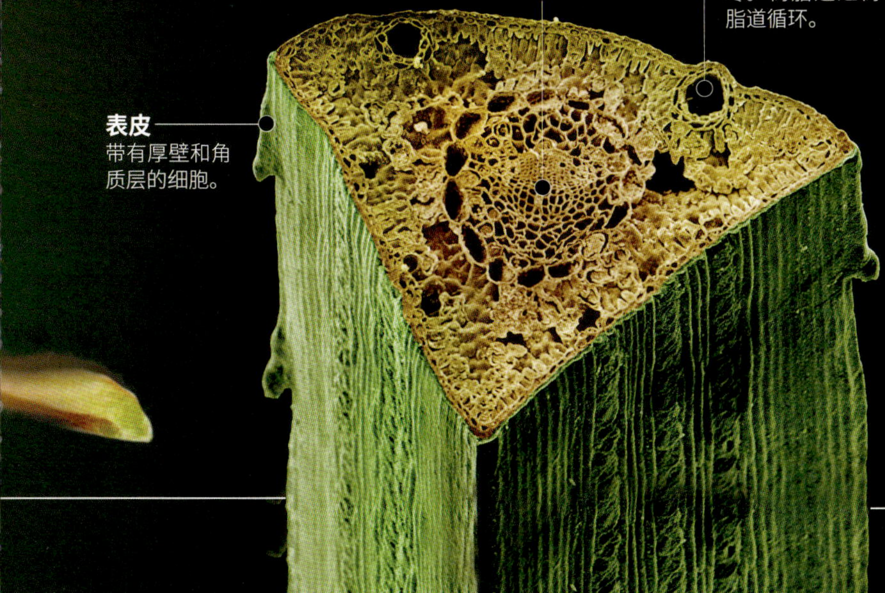

维管束
由木质部和韧皮部组成。

树脂
其功能是抵抗严寒。树脂通过树脂道循环。

表皮
带有厚壁和角质层的细胞。

松柏类
长有针状的叶子是松柏类的特征，这些针状的叶子通常为椭圆形或三角形，其下皮被表皮包裹着，仅有气孔贯穿其中。

功能之美

花朵不仅美丽，还是被子植物的繁殖器官所在地。许多花朵是雌雄同体的，这就是说它们同时含有雄性生殖器官（雄蕊）和雌性生殖器官（雌蕊）。花的授粉是通过外部媒介来完成的，如昆虫、鸟类、风和水，受精后在子房内生成种子。花瓣按照圆形或螺旋形排列。

雌蕊
是雌性繁殖器官，由心皮组成，包括子房、胚珠、花柱和柱头。

柱头
可以是整个一体的，也可以是分裂状的。柱头能分泌一种黏性液体来捕获花粉，有的柱头被绒毛覆盖着。

分类

开花植物分为双子叶植物和单子叶植物。双子叶植物的种子有 2 片子叶，单子叶植物的种子只有 1 片子叶。每一类植物都代表着一种演化路线，演化路线不同，其器官构造也不同。子叶含有从胚芽发育到真叶出现期间所需的营养物质。种子发芽时最先萌动的部位是根部。在单子叶植物中，茎干和胚根受到隔膜的保护；而双子叶植物没有这种保护，茎干会直接破土而出。

双子叶植物

在这类植物中，每朵花的轮生体都按 4 个或 5 个一组排列。双子叶植物的叶子宽大，花瓣大而艳丽，萼片很小，呈绿色，维管呈圆柱形。

花的图示

单子叶植物

这类植物的花朵的每个轮生体都包含三部分，它们的萼片和花瓣通常相同。单子叶植物大部分是含有分散维管的草本植物，是演化程度最高的被子植物。

花的图示

子房
子房位于雌蕊的花托上，在心皮内。花粉管插入子房并穿透胚珠。

心皮
含有特化的叶子，并与其共同构成了雌蕊。包括 1 个柱头、1 个花柱和 1 个子房，胚珠在子房内生成。

叶脉
双子叶植物的叶子具有各种形状，叶面内有一个与主脉相连的叶脉网。

根
单子叶植物的主根作为茎干的延伸垂直穿透地面，茎干延伸的次生根则水平伸展。根可延伸到土壤的深处并长时间存活。

叶
仅有 1 片子叶的植物拥有大而狭长的叶子，叶脉是平行脉，无叶柄。

轮生体

大多数花朵具有4个轮生体。以典型的花朵为例，最外面的轮生体是花萼，由外向内依次为花冠、雄蕊（具有两个部分）和雌蕊。当花朵具有以上4个轮生体时被认为是完整的，当缺少1个或1个以上的轮生体时是不完整的。植物同时具有1个雄蕊和1个雌蕊，但在不同的花朵中时被称为雌雄同株。当花朵没有萼片和花瓣时被称为裸花。

约300 000种

这是已知的被子植物的种数，其中2/3为热带植物。所有被子植物中仅有1 000种左右具有经济价值。

雄蕊
是雄性繁殖器官，由大量的雄蕊构成，每个雄蕊含有1个由花丝支撑的花粉囊，其基部可能含有生成花蜜的腺体。

花粉囊
能生成花粉粒（雄性配子）的囊。

花丝
它的功能是支撑花粉囊。

花柱
有些花柱是实心的，有些是空心的，其数量取决于心皮的数量。授粉管贯穿花柱而生，以玉米为例，它们的授粉管可长达40厘米。

子房
位于雌蕊基部的花托上，在心皮内。使花粉流入胚珠的花粉管一直延伸到子房。

花冠
即花瓣群。呈分离状的花冠被称为花瓣。如果花冠为连接状，则该植物被称为合瓣花植物。

花瓣
通常具有艳丽的色彩，能吸引授粉的昆虫或其他动物。

花萼
能保护花朵其他部分的萼片群，同花冠一起形成花被。萼片可以是分离状的，也可以是连接状的，后者被称为合萼。

萼片
形似改良的叶子，每片都能在生长初期保护花朵。它们还能防止昆虫在未完成授粉职能之前获取花蜜。萼片通常是绿色的。

被片
在单子叶植物中，花瓣和萼片通常相同，它们被合称为被片。被片群被称为花被。

根
在单子叶植物中，源于同一点的所有支根组成了密集的根系。它们通常很微小，生存时间较短。

授 粉

学名为蜂兰的兰花因其花朵纹理与蜜蜂身体的相似而得名。蜂兰的花朵大而艳丽，分泌的甜花蜜被许多昆虫吸食。蜂兰是虫媒类植物的典型代表，这就是说，它们是依靠吸引鸟类或昆虫来运送其花粉并使花朵受精的植物。

花　粉

每粒花粉都含有一个雄性配子。

12 000 粒

这是每株受精的蜂兰能生成的种子数量。

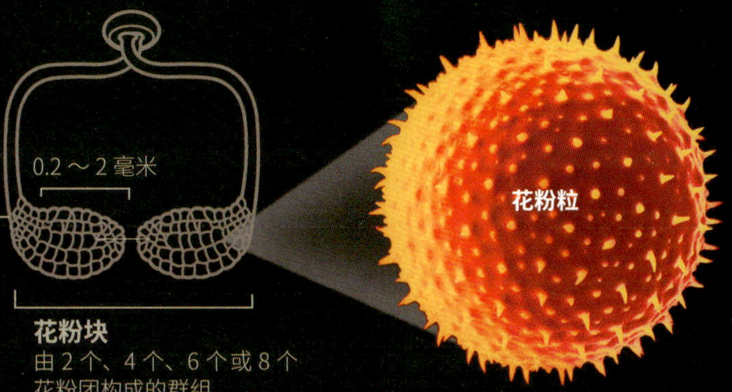

4 传播

蜜蜂飞向其他的花朵，其背部沾有蜂兰的花粉。

5 飞向目的地

当蜜蜂飞到同类花的另一朵上时，它会再次进入花朵并撞击花的雌蕊（雌性器官），留下花粉完成受精。

伪装

某些依赖昆虫授粉的植物具有它们所依赖的生物物种的外观。每种兰花都有自己的授粉昆虫。

果 实

当花朵受精后，它的子房会发育并渐渐成熟。子房保护其内部种子的生长，待种子成熟后将其散播出去。柱头和花药枯萎，子房形成果实，它的外壁形成外皮或果皮。果实和种子具有巨大的经济意义，因为它们含有人类必需的营养物质，某些种子的胚乳含有丰富的淀粉、蛋白质、脂肪和油脂。

单果

由单花形成，可能含有 1 个或多个种子，种子有干性的也有果肉丰富型的。单果包括梨果、核果和浆果。

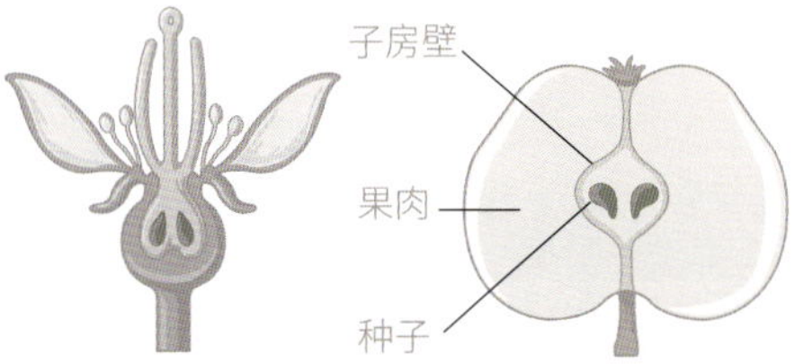

A 梨果
是果肉丰富型的水果，由上位花或是封闭子房位于其他附着部位以下的花朵形成。其花托变厚并形成可食用的中果皮，如苹果。

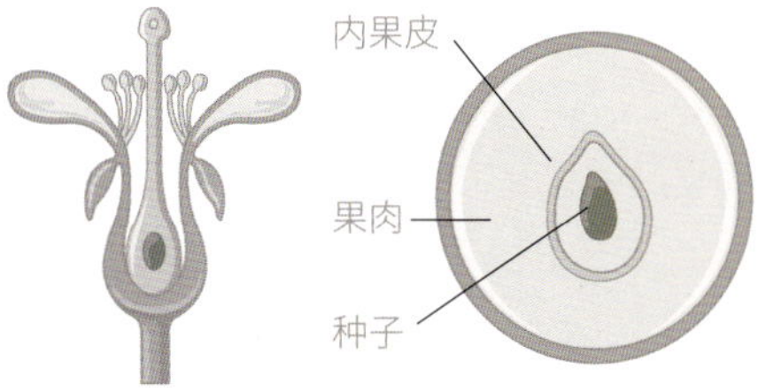

B 核果
是果肉丰富型的水果，它们的皮质强韧或纤维性高，种子被木质内果皮包裹着，通常由下位花（子房位于其他附着部位以下的花朵）形成，如桃子。

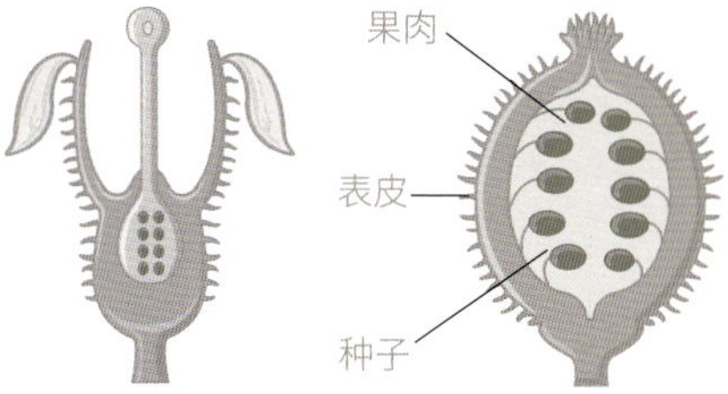

C 浆果
浆果成熟时通常具有艳丽的色彩和果肉丰富且多汁的中果皮，它们既可以由上位花形成，也可以由下位花形成，如葡萄。

柑橘

同其他柑橘属果实一样，柑橘与浆果类似。它们的种子在果实腐烂时暴露出来，或是通过被动物食用后将其排出进行繁衍。

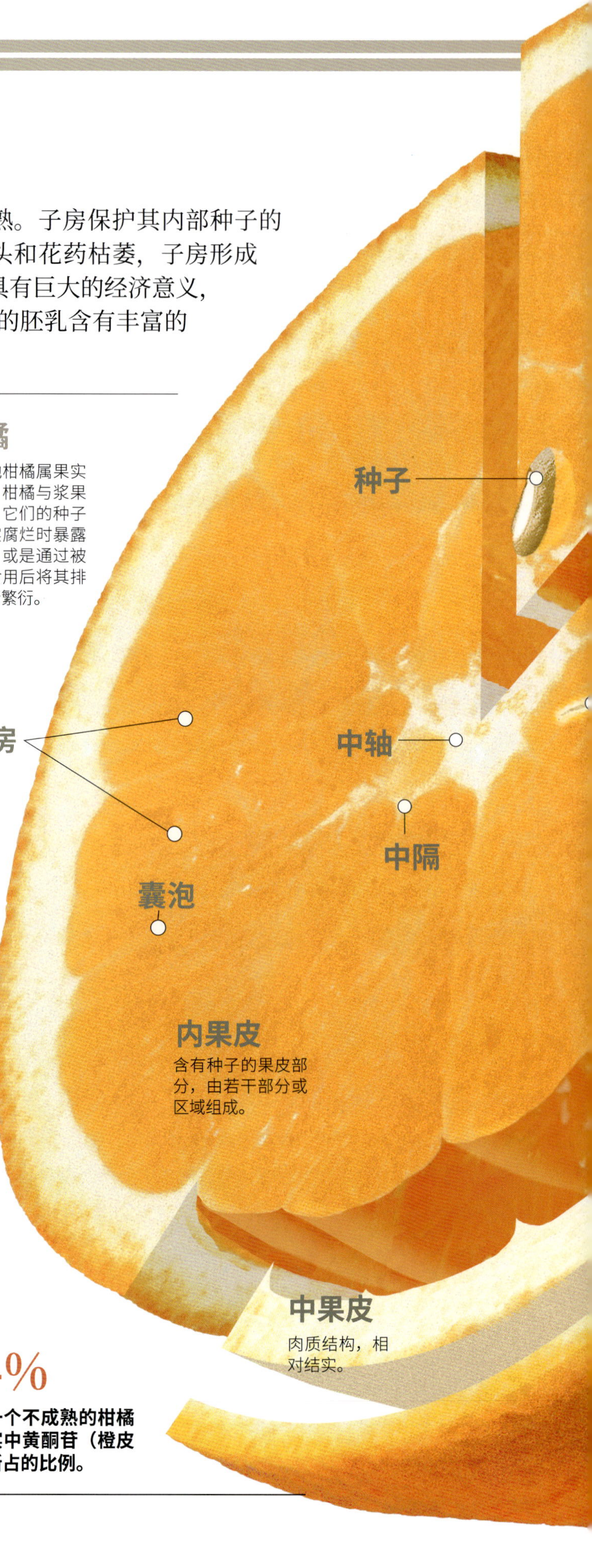

14%

这是一个不成熟的柑橘属果实中黄酮苷（橙皮甙）所占的比例。

果瓣

由子房壁形成的充满果汁的液囊（储存水分和糖分）。

果皮

由果实的中果皮和外果皮构成，柔软并能分泌油脂和酸。但是在坚果中，它们的坚硬果皮是内果皮。

多果

由密集花簇一朵以上花朵的心皮形成的聚合果，当它们成熟时果肉会变得厚实，如无花果。

黑莓
在这个聚合果中，每颗浆果都是一个果实。

无花果
浓缩果

A 聚合果
这类果实是由一起生长的许多小核果构成。

B 隐头果
果轴膨胀形成了一个呈杯状或瓶状的凹形容器。

干果

成熟时果皮干枯的单果，包括蓇葖果（木兰）、荚果（花生、蚕豆、豌豆）、角果（小萝卜）以及其他种类的果实，也包括大部分谷物和树木的果实，如枫木和梣木的果实。大部分裂果（果皮裂开暴露出种子的果实）是干果。

外果皮

果实的果皮或外部。

球果植物

球果植物是最具有代表性的裸子植物，这类植物没有花朵，但有种子。根据化石记录，球果植物已在地球上生存了3.9亿年之久，它们的叶子通常是针形的，并且是多年生的。球果针叶树是木本植物，通过种子繁殖，它们的种子内具有胚和组织，能够成长为新的植物。

分类

有时候，英语中“球果植物”这个名称会被误认为来源于松树的圆锥外形。实际上，球果针叶树的外形还会呈现出其他形式。

南洋杉 *南洋杉属*　**松树** *松属*　**雪松** *松科雪松属*

优质木材

大部分球果针叶树是常青树，但也有一些是落叶树，如美洲落叶松。针叶树是长得最高并且存活时间最长的树木，它们提供了大部分工业木材。大多数针叶树在夏季长出新叶，新叶形成的树脂能保护它们在冬季不受严寒的侵袭被冻结。即使在非常寒冷的气候中，这一适应性都能保证重要营养物质在它们的维管系统中持续循环。

北半球球果针叶林分布地带1月份的平均温度为

-10°C

或更低。

传播
珠鳞能够生成含有雌性配子的绿色凝胶，当配子囊打开时，里面的配子获得自由。森林火灾会促使配子囊打开，从而促进繁殖。

松果

雌性球果含有胚珠，胚珠被珠鳞包裹。球果是木质的，通常长在树木上方的枝条上；雄性球果是非木质的，通常长在低一些的树枝上。雌性球果的胚珠被授粉后，生成的种子大约需要 3 年才能在球果内成熟，成熟的胚珠通常称为果仁。

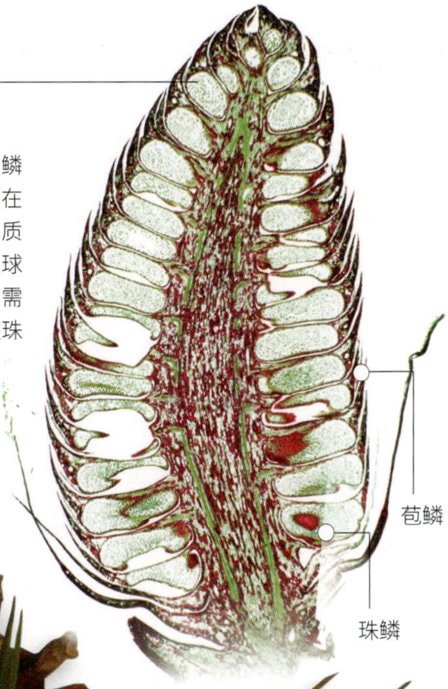

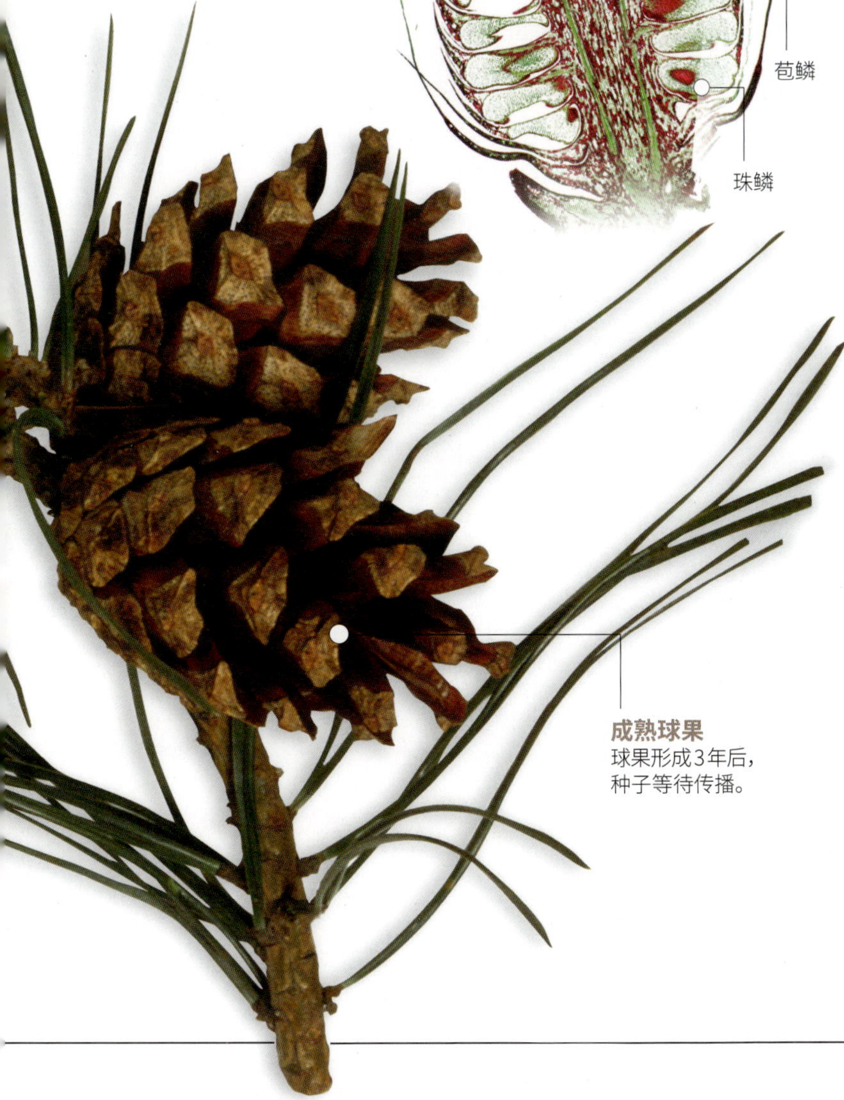

成熟球果
球果形成3年后，种子等待传播。

松仁

长久以来，松仁通常与蜂蜜和糖一起用来加工糕点。当夏季来临时，收获的球果会被摊放在阳光下促使其裂开，然后将松仁从球果中摇出并收集到一起。在传统加工过程中，松仁会被泡在水中以便除去它们的外皮，外皮经水浸泡后会脱落并浮在水面上。之后将松仁放在压机上两个紧密排列的机械卷筒之间压裂内壳。最后，通过手工把松仁的果肉从壳中取出。

稀有植物和有用植物

肉食植物是如何猎食昆虫的？它们使用哪种陷阱？为什么一些植物会长有尖刺或分泌毒汁？为什么一些植物要攀附树干或在岩石边上生长？事实上，为了在严酷的环境下生存，如在极度干燥、寒冷或者土地贫瘠，或在有食

捕蝇草
捕蝇草是最被人们熟知的肉食植物，是公认的活动陷阱。

草动物的环境下生存，植物必须开发多种生存策略并壮大自己，本章将为你介绍与此相关的信息。同时，你还能了解到我们每天使用的纸张是如何得来的，番茄和橄榄油等这些我们日常生活中必不可少的食用品的生产和制作过程。●

捕食者

肉食植物是植物界中最奇特的种类，它们因具有捕食和消化昆虫的能力而得名。它们为什么捕食这些微小的动物呢？因为这些动物体内含有大量的富氮物质，而该类物质通常是这些肉食植物生长的土壤所缺乏的。肉食植物能通过吞噬昆虫来弥补氮元素的不足，它们捕获的这些节肢动物的躯体含有氨基酸和其他含氮的营养物。

苍蝇的噩梦

捕蝇草是著名的肉食植物之一。它能生产吸引苍蝇的花蜜。接触到捕蝇草的叶子通常是昆虫灾难的开始，因为这会引起植物的一系列生理反应，并使其成为一个死亡陷阱，即使是大一些的昆虫（如蜻蜓）也会被这些肉食植物捕获。被猎物接触后，捕蝇草的茸毛会察觉昆虫的到来并刺激叶子关闭。但是，捕蝇草的叶子对诸如雨滴落下的碰触等其他类型的接触没有反应。

多样化的饮食

肉食植物属于自养生物，能够把简单的无机物质转化成可作为食物的有机物质。肉食植物生长在营养贫瘠的土壤环境中，捕食昆虫能帮助它们补充所需的营养物质。

捕蝇草
原产于美国东部。

1

掉入陷阱

苍蝇停在陷阱上方并碰到了侧刺，这会刺激合叶的肿胀细胞迅速脱水，致使叶子的上部闭合。如果昆虫在陷阱闭合时反应迟钝或未能离开，它就再也无法逃脱了。

主食：昆虫

肉食植物属于双子叶植物截然不同的各目，例如猪笼草目、瓶子草目和玄参目。这些植物包含猪笼草、茅膏菜和狸藻类。

苍蝇落进来之后，叶子的上部收拢所需的时间仅为

1/5 秒。

肉食植物

捕蝇草

在全球广泛种植，它们能在微酸性土壤中生长，如泥沼。在有大量昆虫可以捕食的情况下捕蝇草会更加繁盛。

狸藻

这类水生肉食植物属于狸藻科，它们的叶子为椭圆囊形，能通过开合捕获微小生物。

好望角茅膏菜

又好望角茅膏菜。它们的带状叶子被黏性茸毛包裹，当叶子受到刺激时会卷缩并围住猎物。

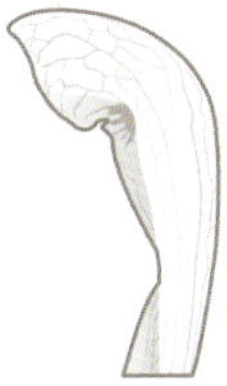

眼镜蛇瓶子草属

与其他瓶子草类肉食植物的瓶状叶（捕虫器）附在主茎上不同，此类植物的瓶状器直接从土壤中长出。

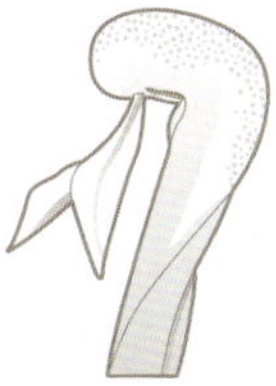

瓶子草属

这类植物是被动捕食者，它们能使用花蜜来吸引昆虫。其瓶子状叶利用茸毛来捕捉昆虫并防止其脱逃。

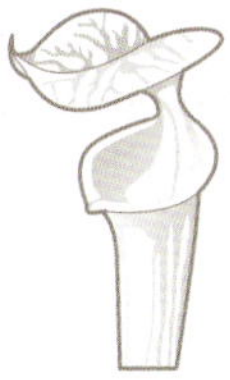

猪笼草

其叶笼的表面能防止液体水流入。这类植物通常具有艳丽的色彩，能对昆虫产生强烈的视觉吸引。

② 无法逃脱

叶子的收拢会刺激对排的侧刺如两手的手指般交叉在一起形成牢笼，这个过程仅用时约 0.2 秒，因此苍蝇逃脱的机会很小。

③ 消化

陷阱在 3 分钟内完全关闭，开始消化猎物，位于上叶内部的特殊腺体分泌酸和酶，对昆虫身体的柔软部分进行化学分解。当叶子陷阱在几星期后重新打开时，风会吹走未被消化的外骨骼。

攀爬植物

附生植物是非常有趣的植物种群，它们附着在活的或死去的树干、岩石表面、墙角，甚至在电线杆和电线上生长。藓类植物、蕨类植物、兰花属植物和凤梨科植物都是非常知名的附生植物。凤梨科植物生长在西半球的热带潮湿地区，它们不需要土壤就可以生存，这种非凡的适应性引起了人们的特别关注。它们有获取生存所需的水分、矿物质、二氧化碳和阳光的特殊策略。

不同的生活方式

凤梨科植物的根不吸收水分，但它们坚硬的叶子能从空气中吸收捕获水分和营养物质。它们通常用一种黏性物质将自己附在能够获取阳光的树木枝条上。这些特征性使它们能在自然环境中存活。

来自美洲新大陆

凤梨科植物原产于墨西哥和中美洲及南美洲国家。现在，它们已遍布世界各地。

果实
呈纺锤状，长度通常约为4厘米，直径仅4毫米，含有能随风传播的羽状种子。

特殊标记
通常通过玫瑰形鳞茎和被浓密茸毛覆盖的三角形叶子来辨认这类植物，它们花瓣上的紫丁香色也是其特征之一。

特殊的叶子

这类植物叶子的最显著功能是吸取水分。此外，它们在夜间会吸收二氧化碳并将其混入有机酸，这种适应性变化可以减少白天打开气孔进行气体交换时因蒸腾作用造成的水分流失。叶子在阳光适宜的情况下进行光合作用，由于这类植物能使用夜间吸收的二氧化碳，因此它们能在不打开气孔的情况下生成碳水化合物。

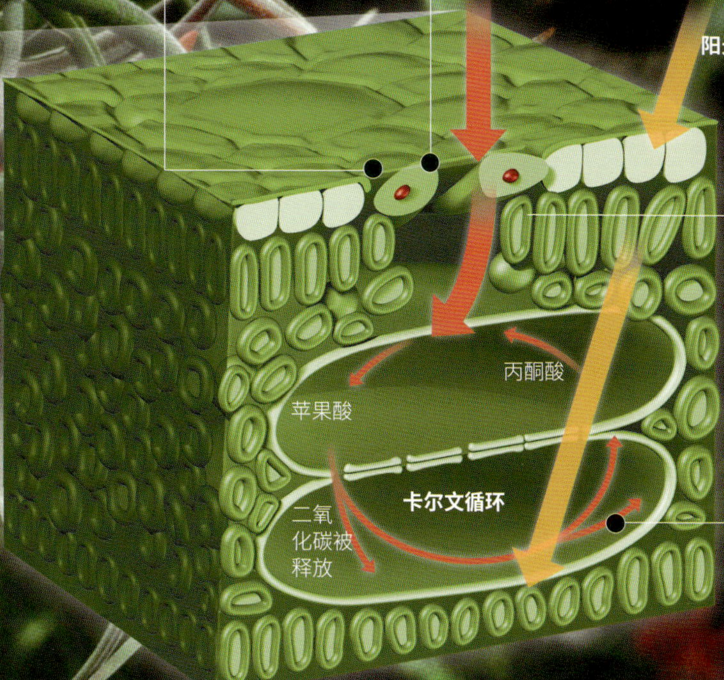

危险关系

在生命循环过程中有些植物会成为其他植物的威胁，有多种附生植物为了接触到土壤或长成树木会扼杀它们生长所依附的树木。此外，有些植物的生活习性类似于寄生或半寄生。当这些植物发芽，其胚芽消耗完储存的能量时，它们需要从寄主身上获取营养物质以继续生长。

死亡拥抱

榕属植物中有一些致命植物，会在前期生长阶段扼杀它们生长所依附的植物以获取森林地面十分稀缺的阳光。例如，蔓生无花果树能长到 7~35 米高，其种子能在其他树木的枝条上发芽，这使它们能在大型树木上生长，从而长出更高、更宽的树冠和粗壮的树枝，它们的根沿着寄主的树干延伸到地面并与其融合到一起形成格状结构。大多数榕属植物品种起源于美洲，它们的特殊多样性是热带雨林地区的典型特征。

西克莫无花果
此类果序为梨形花托，中空，顶端有开口。在其内壁中有小浆果，通常称其为种子。

槲寄生

含有叶绿素但没有根部，它们将自己伪装成枝条寄生在树枝上。槲寄生生活在类似于半野生橄榄树林的地方，适应潮湿地区和山区。槲寄生会使寄主变得衰弱、更易受到昆虫的袭击，寄主会被槲寄生杀死或在最衰弱的情况下受病而死。

欧洲槲寄生
吞食槲寄生果实的鸟类能为其传播种子，使种子黏附在其他树上。

禁锢
绞杀榕的气生根可能因向地性而向地面生长。随着根部的成长，它们会融合到一起并将寄主禁锢。

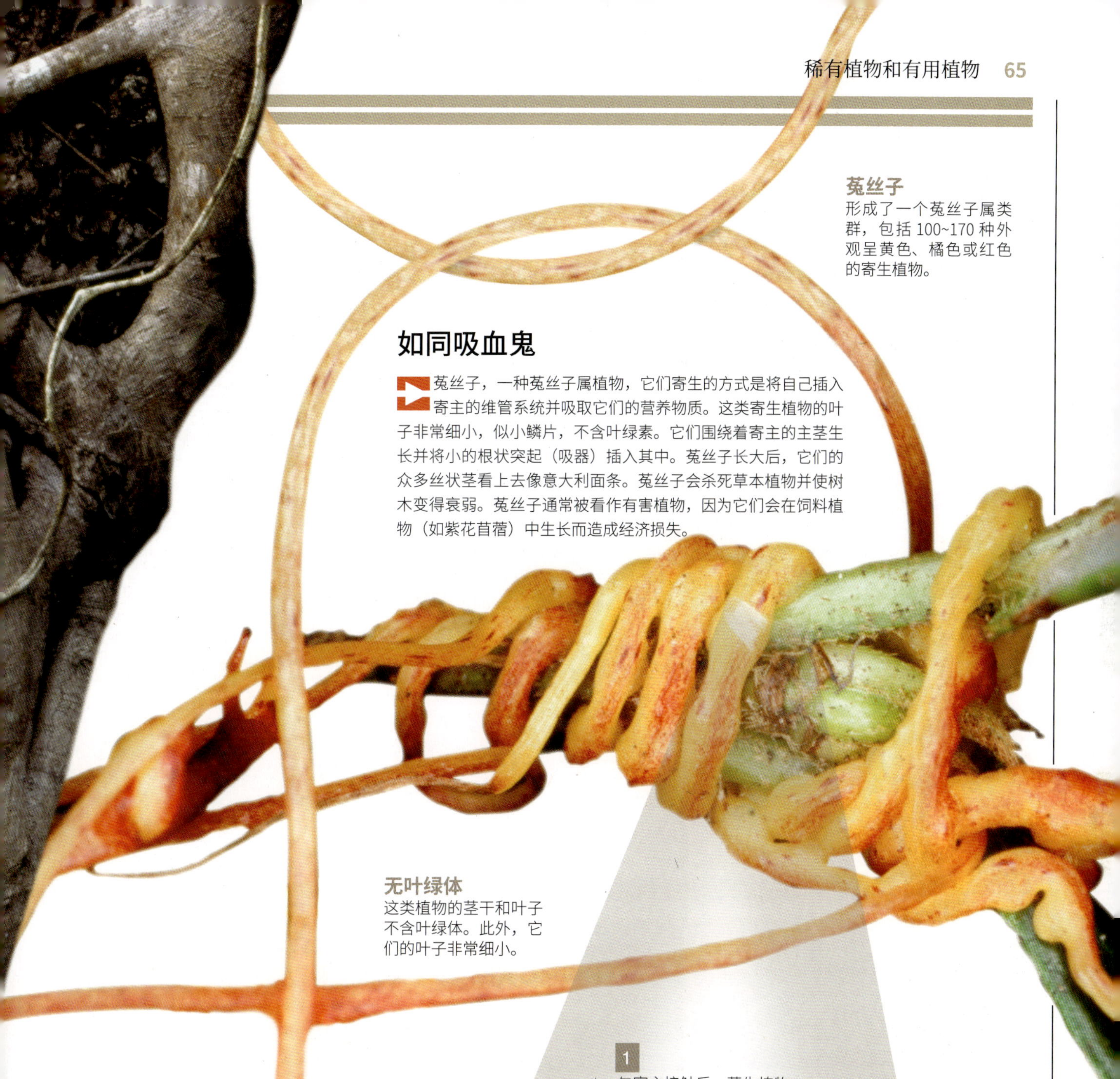

菟丝子
形成了一个菟丝子属类群，包括 100~170 种外观呈黄色、橘色或红色的寄生植物。

如同吸血鬼

菟丝子，一种菟丝子属植物，它们寄生的方式是将自己插入寄主的维管系统并吸取它们的营养物质。这类寄生植物的叶子非常细小，似小鳞片，不含叶绿素。它们围绕着寄主的主茎生长并将小的根状突起（吸器）插入其中。菟丝子长大后，它们的众多丝状茎看上去像意大利面条。菟丝子会杀死草本植物并使树木变得衰弱。菟丝子通常被看作有害植物，因为它们会在饲料植物（如紫花苜蓿）中生长而造成经济损失。

无叶绿体
这类植物的茎干和叶子不含叶绿体。此外，它们的叶子非常细小。

演化压力

植物的演化同大部分生物体一样，显示出偏爱次生适应性，这类适应性有利于具有诸如寄生等特定性状的特种植物生存。此类植物的一个特点是缺少传导维管。

1
与寄主接触后，蔓生植物开始生成吸器，这些吸器会生长并穿透寄主的主茎到达维管组织（木质部和韧皮部）。

2
发芽后，菟丝子的茎干会缠绕着寄主的主茎攀爬，直到吸器长成。

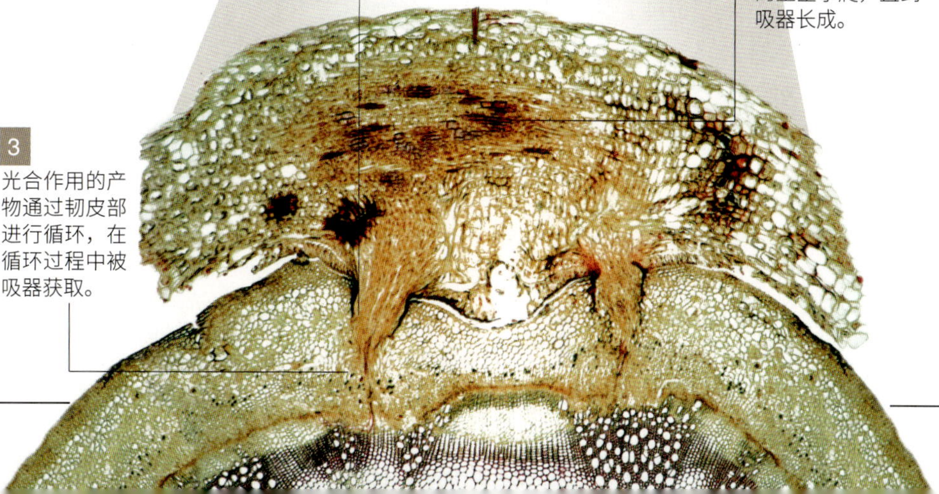

3
光合作用的产物通过韧皮部进行循环，在循环过程中被吸器获取。

花　序

花序由一根花枝或一系列分枝上的花簇构成，可以分为简单花序或复合花序。所谓简单花序是指在每个苞叶的叶腋处的主轴上只形成一朵单花。所谓复合花序则是指在苞叶的叶腋处形成部分花序并带有小苞片或先出叶。简单花序包括总状花序、穗状花序、圆锥花序、柔荑花序、伞房花序和头状花序。复合花序包括二歧总状花序、二歧穗状花序和二歧伞状花序。●

花序种类

大部分的花序为无限花序，花朵绽放的顺序与花梗伸展的去向相同，从茎轴的底部开始趋向顶端的分生组织。也有一些花序是有限花序，花梗的顶端开出第一朵花，离它最远的花朵最晚绽放。

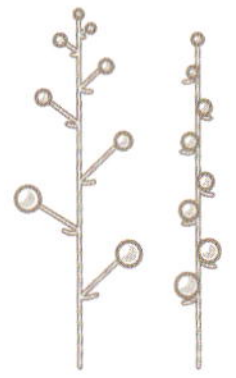

总状花序
花朵所在的短小主茎被称为花梗，它们沿着无分枝的茎轴生长。

穗状花序
花朵从主茎上直接长出。

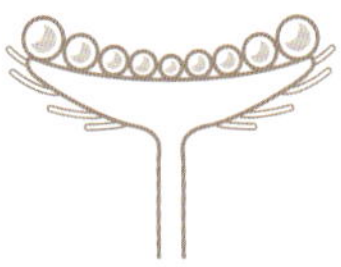

头状花序
花朵位于宽大且较短的茎轴上。

伞房花序
花梗长短不一。

柔荑花序
与悬挂的穗状花序相似，它的花朵全部为雄性或雌性。

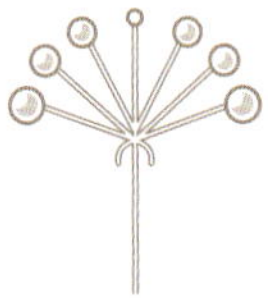

伞形花序
从花茎末端长出的一组花梗，呈发散状。

复总状花序
花朵的茎轴呈分枝状。

肉穗花序
它的特征是长有多肉的茎轴和雌雄异体的花朵。

复伞形花序
通常由一个以上的伞形花序组成。

6米

这是向日葵可达到的最大高度，其平均高度为 3 米。

向日葵

向日葵的花序是由外围花和盘状花组成的头状花序。外围花呈射线状排列，雌雄异体；盘状花呈管状，雌雄同体。

雏菊

雏菊是一种复合花朵，它看起来和向日葵一样是一朵单花，但实际上它的花序为头状花序。头状花序含有大量的独立花朵，这些花朵都聚集生长在花托上。

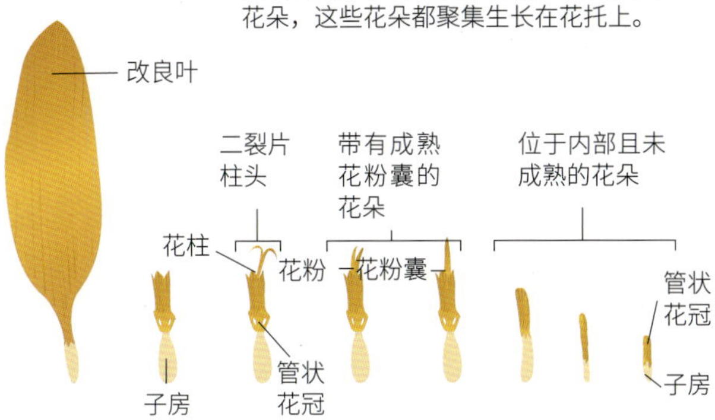

是叶子还是花朵？

大部分的花朵都具有鲜艳的色彩和迷人的变态叶，这赋予它们一项特殊的功能——吸引授粉者。

世界上共存在复杂植物约

20 000种。

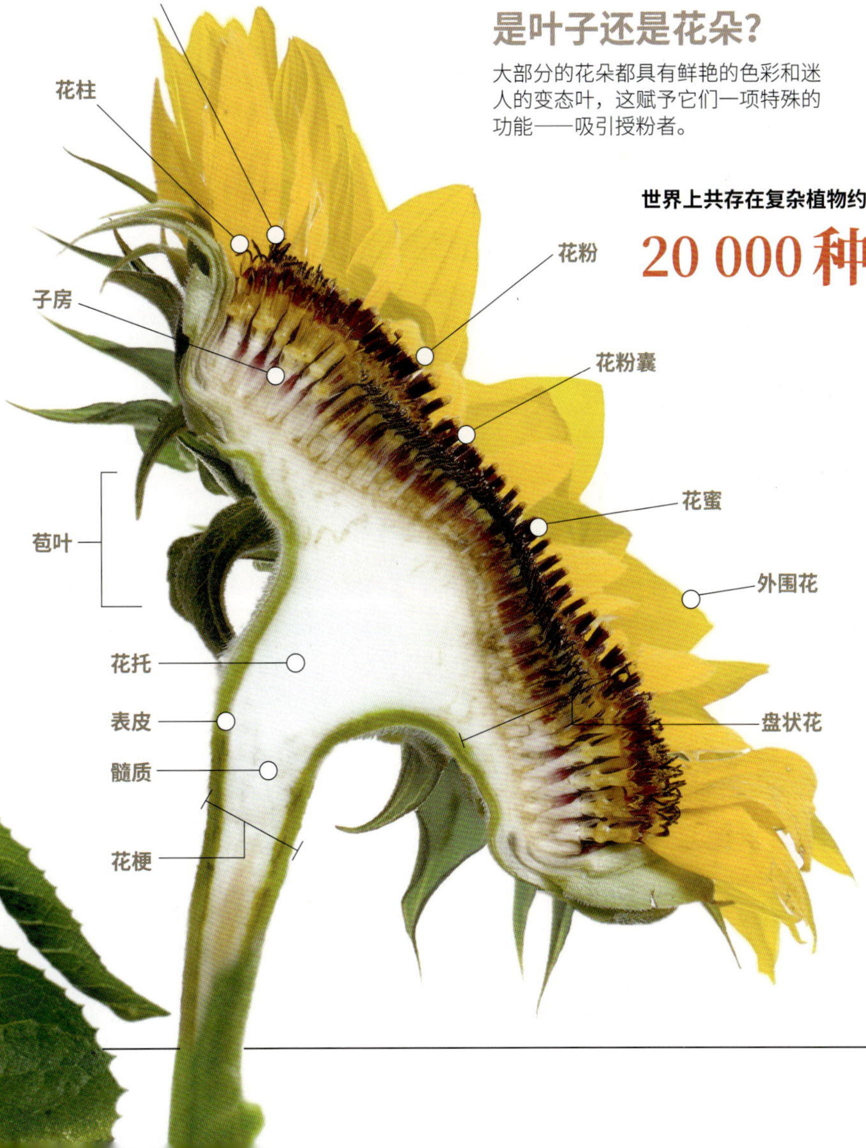

风沙之间

仙人掌科植物包含300个属的数千个品种，它们生长在炎热干旱的地区，仙人掌是其中最著名的种类。仙人掌长有刺，这不但能最大限度地减少水分流失，还能防御草食动物的侵害。仙人掌起源于西半球，但现在它们已遍布世界各地。它们能分泌在授粉中起重要作用的花蜜，这能吸引昆虫和鸟类接近其花朵。

分布

仙人掌生长在沙漠地区或非常干燥的气候条件下。它们原产于美洲和东非，但也已经适应了澳大利亚和地中海的温暖干燥气候。

仙人掌科包含的植物共有约

2 000种。

仙人掌科的茎

绿色
没有绿色的叶子，光合作用在茎中进行。

伪装
昙花属仙人掌没有叶子，由茎来完成叶子的职能。

可折叠
它们在吸收水分后可膨胀弯曲。

适应环境

仙人掌科的主要特征之一是具有通过储存水分来抵抗干旱的能力。它们的根通常扎得很浅，这能使其更好地吸收偶然的降雨。为了获取露水，有些根会向地面生长。它们的表皮被蜡覆盖着，坚韧防水并能防止水分流失。

景天酸代谢

在夜间吸收二氧化碳并将其作为有机酸储存，因此植物能在白天进行光合作用时闭合气孔阻止水分流失。

有益还是有害

谁都不想将有毒植物种在家中的花园里，虽然某些植物具有医疗特性，但是有些植物含有的物质在进入人体时会引起有害反应，会导致伤害甚至死亡。其中最臭名昭著的要属毒参，但它也有医疗用途。有毒植物最主要的活性部分是生物碱。植物中最有影响的毒素之一是蓖麻毒素，1 毫克就足以使一个成年人丧命。

量的问题

毒素是指与人体接触后能致病、导致人体组织损害或阻碍自然生命过程的物质。剂量是将一种物质判定为毒素的关键因素。能造成生物体死亡的同种物质在降低浓度的情况下可作为药材并减缓某些疼痛。

毒芹
毒水芹

一种伞形科植物，因为具有麻醉作用而被认定为有毒植物。但是，在医疗中它可以用来治疗神经失调，如癫痫症。

芹叶钩吻
毒参

高度
它可以生长到 2 米。

芹叶钩吻

又名毒参，属于伞形科，它拥有中空的条纹状茎干及带有紫色斑点的基部。尽管有毒，它也可用来缓解剧烈疼痛和头痛。斑叶毒参具有特殊且难闻的尿味。其中的活性成分是毒芹碱，这是一种能毒害神经的生物碱。

苏格拉底
这位哲学家被希腊法院判处死刑，被迫饮用毒参溶液身亡。

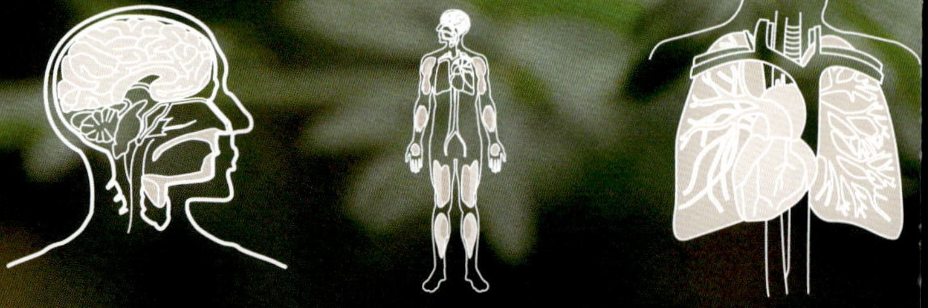

1
发热
中毒会导致口干、瞳孔放大（散瞳症）及恶心。

2
瘫痪
双腿变软，肌肉麻痹，因无法呼吸而导致昏厥。

3
死亡
直到死亡来临时人仍有意识。

其他有毒植物

许多栽培植物和野生植物都具有能对人体和动物产生不同程度毒性的活性成分。蓖麻含有蓖麻毒素，咀嚼它的两颗种子就能使儿童丧生；毛地黄属所含的物质能导致心脏病。其他常见的有毒植物，例如夹竹桃，如果吞食了它们的花朵或果实会导致痢疾、恶心及其他症状。

毒藤
毒漆藤

毒藤

这是一种沿着地面生长的蔓生植物，常攀附在墙面、树干和灌木上。它们的叶子呈亮绿色，含有油性毒素，能导致轻微或严重的过敏反应，症状在接触植物 1～3 天后出现。

高度
它们可以生长到 3 米高。

辨认方法
这类植物在冬季叶子会落光，但生有浅绿色的浆果。这些浆果在夏季是浅绿色的，在春季是红色的，在初秋是黄色的。

10%

的植物种属含有生物碱——一种含氮元素的碱性有机化合物。

颠茄
颠茄

颠茄（致命夜色）

颠茄拥有 3 种毒性生物碱：天仙子碱、东莨菪碱和颠茄碱，能影响调控呼吸和心跳的自主神经系统。在医药领域，小剂量的颠茄碱能降低肠收缩的强度。

高度
它们可以生长到 1.5 米高。

战争之花
据说，在古代安息的帕提亚战争期间，颠茄曾被用来毒害马克·安东尼的军队。

番茄工厂

西红柿
番茄

美洲的殖民化导致了大量特殊植物的发现，这些植物长期以来一直被用作食物，其中最具代表性的要属在全球盛行的番茄。番茄种植技术的复杂性已经达到了很高的水平，不但能解决害虫侵袭和不利的环境条件问题，还能对番茄进行无土栽培。

传统种植

在花园中，番茄秧苗在适宜的土壤和有效的病虫防治技术下按照每年的生长周期生长。

种植	冬末
收获	夏初

一年中每株番茄的平均产量为

2.5 千克。

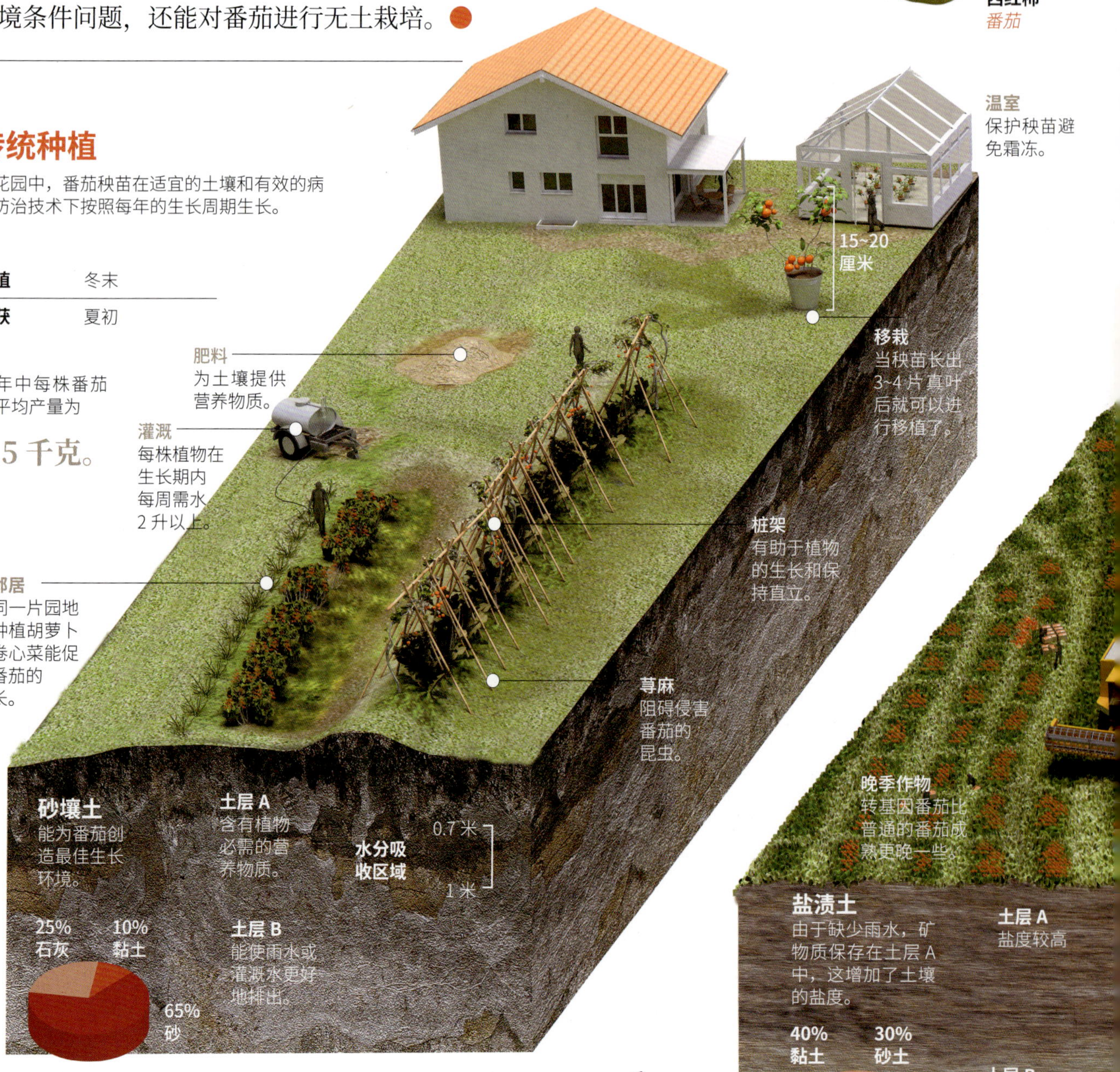

最常见的虫害

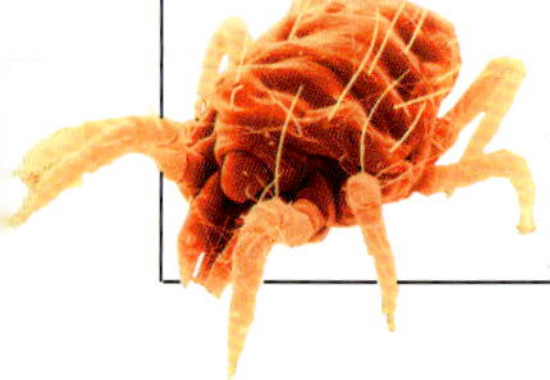

红蜘蛛
土耳其斯坦叶螨

甘薯粉虱
烟粉虱

菜蚜

转基因农作物

生物技术被用来创造在不适宜的土壤环境（如含有高盐度的土壤）中种植的植物。

种植	冬季
收获	夏季 / 秋季

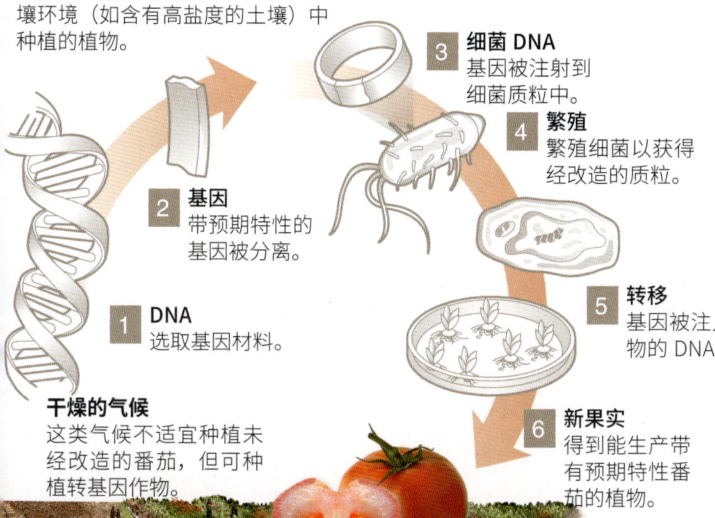

番茄的起源

番茄起源于秘鲁，生长在墨西哥和美洲中部。

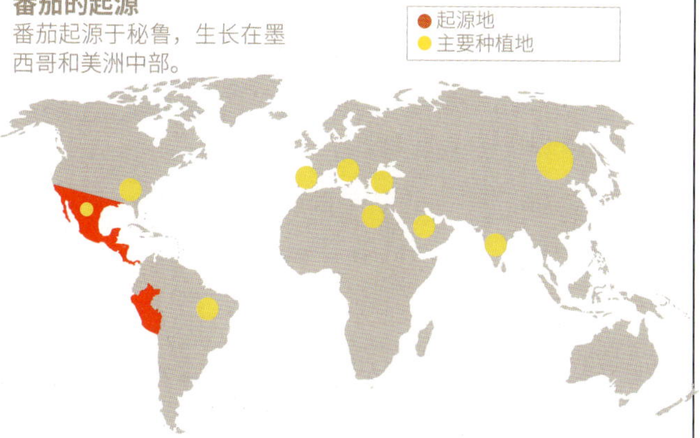

水培法

水和营养物质是番茄生长的必备条件，因此在没有土壤的情况下可以在培养基上种植番茄。这项技术对在沙漠地区种植番茄和在一年之中的任何时间都能收获番茄是非常有效的。

橄榄油

长期以来，橄榄油一直在人类的饮食中占有一席之地。由于它香味醇厚、营养丰富，直到今天仍是最常用的食用油类之一。获取高质量的橄榄油需要经过一系列的生产加工过程，这个过程以油橄榄树为起点，以产品包装为终点。橄榄油的质量控制始于油橄榄树生长的土地，要视土壤、气候、油的品种、耕作和收获技术等综合因素而定。萃取过程中的具体操作（油的制造、萃取、储存和运输）则决定了能否保持油的高品质。

1 耕作

油橄榄树的生长需要满足以下条件：耕作的土地、适宜的气候、700 米的海拔高度以及每年 400 毫米的降水量。

每 0.4 公顷土地的最佳种植密度为

80～120 株。

收获

通过手动或机械敲击树的枝条，使果实掉在地上的方法来完成。

2 清洗和分类

用水仔细清洗果实之后，根据它们的多样性进行分类。

3 碾磨

机器将果实碾破并混合形成均匀的糊状，这个过程必须在果实采集当天完成。

石轮

还可使用铁锤类设备。

新的种植

通过立桩、压条或修剪来帮助其繁殖。

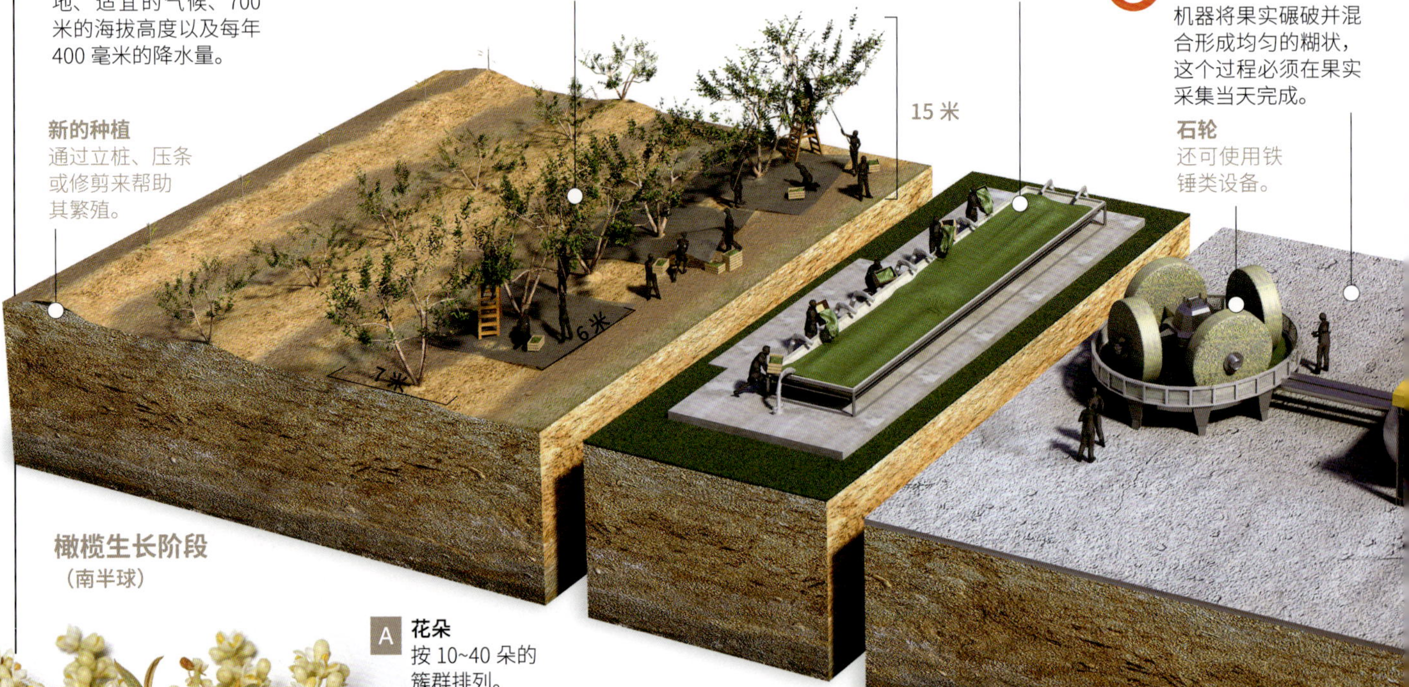

橄榄生长阶段

（南半球）

A 花朵

按 10~40 朵的簇群排列。

5 月

B 生长

核或核果（内果皮）变硬，果实成长。

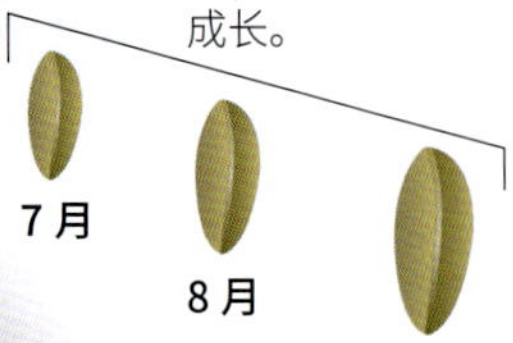

叶子

互生，细长，长度为 2~8 厘米，带有尖的顶端分生组织。

C 青橄榄

果实呈现出这个颜色时，说明可食用了。

10 月

D 逐渐成熟

开始出现成熟的紫色斑点。

11 月

E 成熟果实

氧化过程使其变成了黑色。

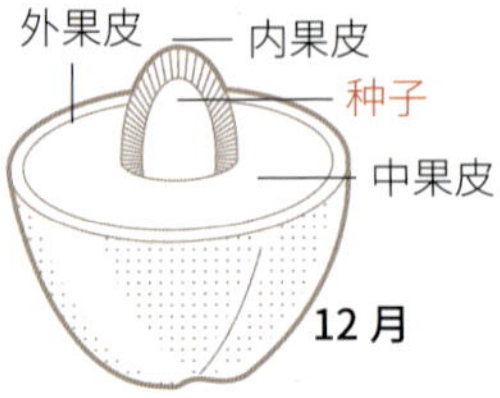

12 月

萃取 2 升油需要橄榄

10千克。

油的种类

油的分类取决于制作过程和产品的特色。制作时间越短，质量越高。

初榨橄榄油
通过压榨获取。未经任何精炼，其酸度低于 2%。

精炼橄榄油
当橄榄油被精炼后，首先添加过滤土进行净化，之后倒入其他容器中。其酸含量低于初榨橄榄油。

橄榄油
也可以通过溶剂对残渣进行处理来获得。

油橄榄的成分

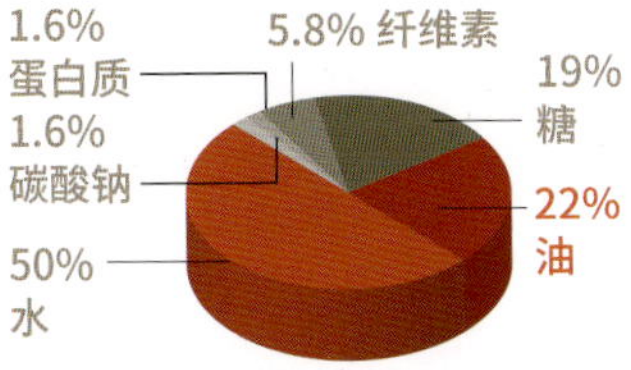

油的质量

从优质果实中第一次压榨出的酸度低于 1.8% 的橄榄油被称为特级初榨油，在这之后压榨出的油依次按等级排列。

4 压榨

按照传统方法，含有整粒橄榄的糊状物通常会被放置在一个层层叠起的圆盘系统中，通过液压机进行压榨。

5 精炼

获取的橄榄油被同其他固态残渣、杂质和水分离开。长久以来，这个过程通过倾注法来完成，当油经过压榨后流出时需要保持原状。今天，这个过程也可以通过立式离心机来完成。

6 储藏

初榨橄榄油含有脱脂成分，在储藏和包装期间需要加以保护，必须将其放置在阴暗且温度稳定的地方。

避免事项

接触热空气及暴晒。

精炼所需的时间为

3个月。

7 装瓶

这个过程通常在工厂里完成，有时为了确保产品质量需要手工完成。橄榄油要使用玻璃、铝和塑料容器盛放，不能在阳光下、气味强烈或温度高的地方长时间放置。

丰歉交替

经过一次丰收后，在接下来的一年里橄榄树的产量通常较低。

从树木到纸张

虽然当今利用先进技术生产纸张的数量要比古时候生产的莎草纸多出不知多少倍，但造纸的基本过程在两千年间没有任何改变。纸是由含有树干纤维素的纸浆制成的，今天的造纸业每年要消耗约 40 亿吨木材。桉树是在世界范围内最广泛地被用于造纸的树木之一，它们不但生长迅速、具有从年轻树桩再生的能力，而且在木质、密度和产量方面均具有优势，其缺点是在生长过程中需要比其他树木更多的水分。

1 种植

在温室中培育树苗，并将其移植到户外土地的犁沟中。

0.4 公顷土地每天需要的灌溉水量约为

80 000升。

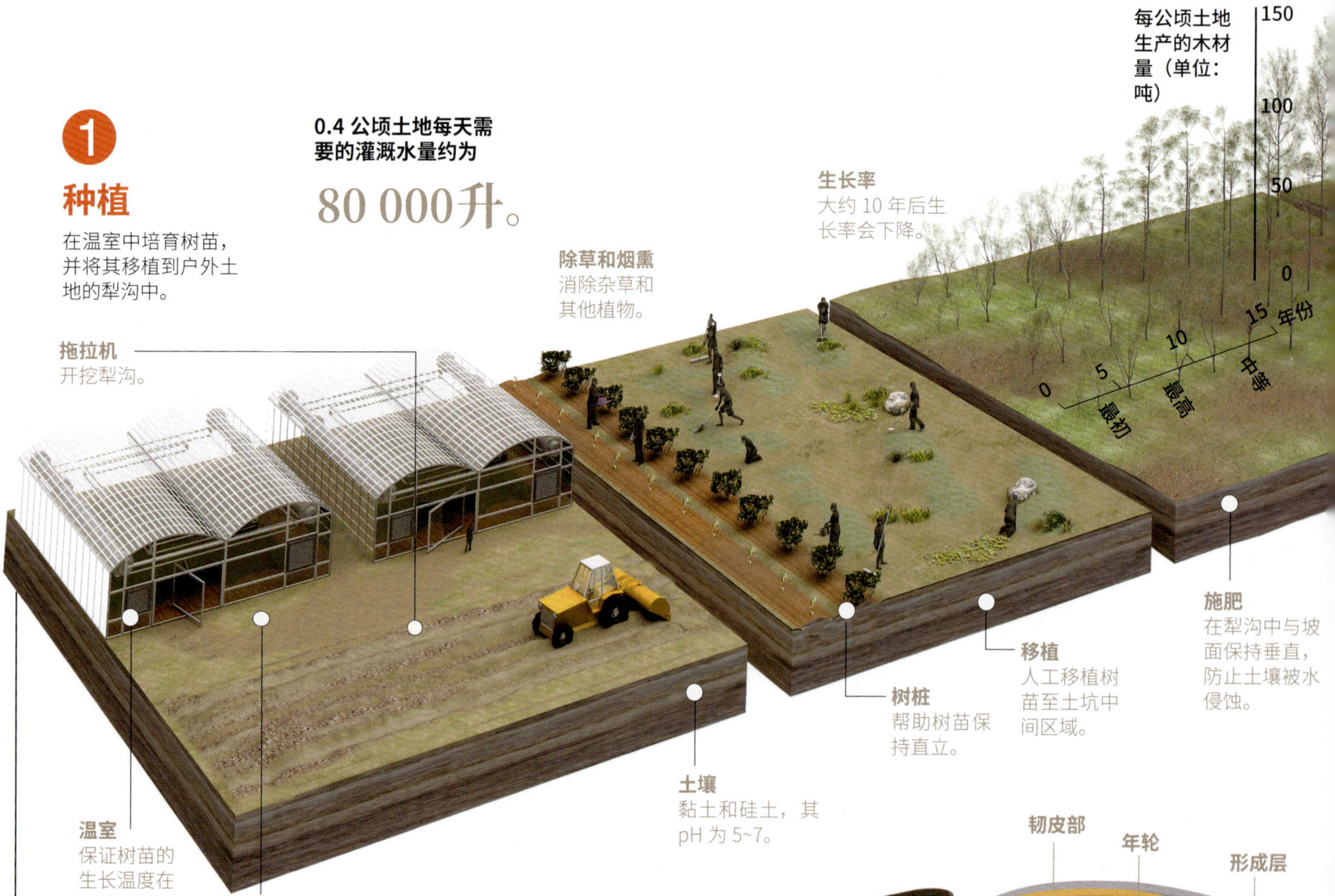

每年消耗的木材总量约为

40亿吨。

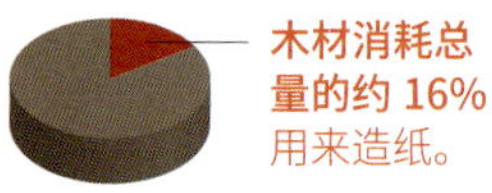

蓝桉的多种用途

花朵 在澳大利亚，它的花朵是蜂蜜的最重要来源。

叶子 它们的树脂可以用来制造香水。

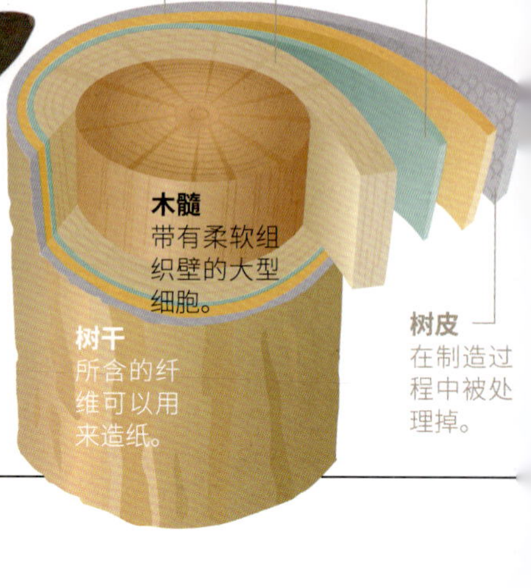

桉树
蓝桉

2 皆伐

皆伐的时机将决定林业经济的成败，需要及时进行再植。

10~13年

是伐木的最佳时期。

3 去皮、清洗和切割

将树皮从树干上分离，并在工业过程中将其排出。被去皮的树干在经过清洗之后被切成碎片以方便处理。

4 制造纸浆

纤维组织被分离并悬浮在水中，以便进行净化和漂白。

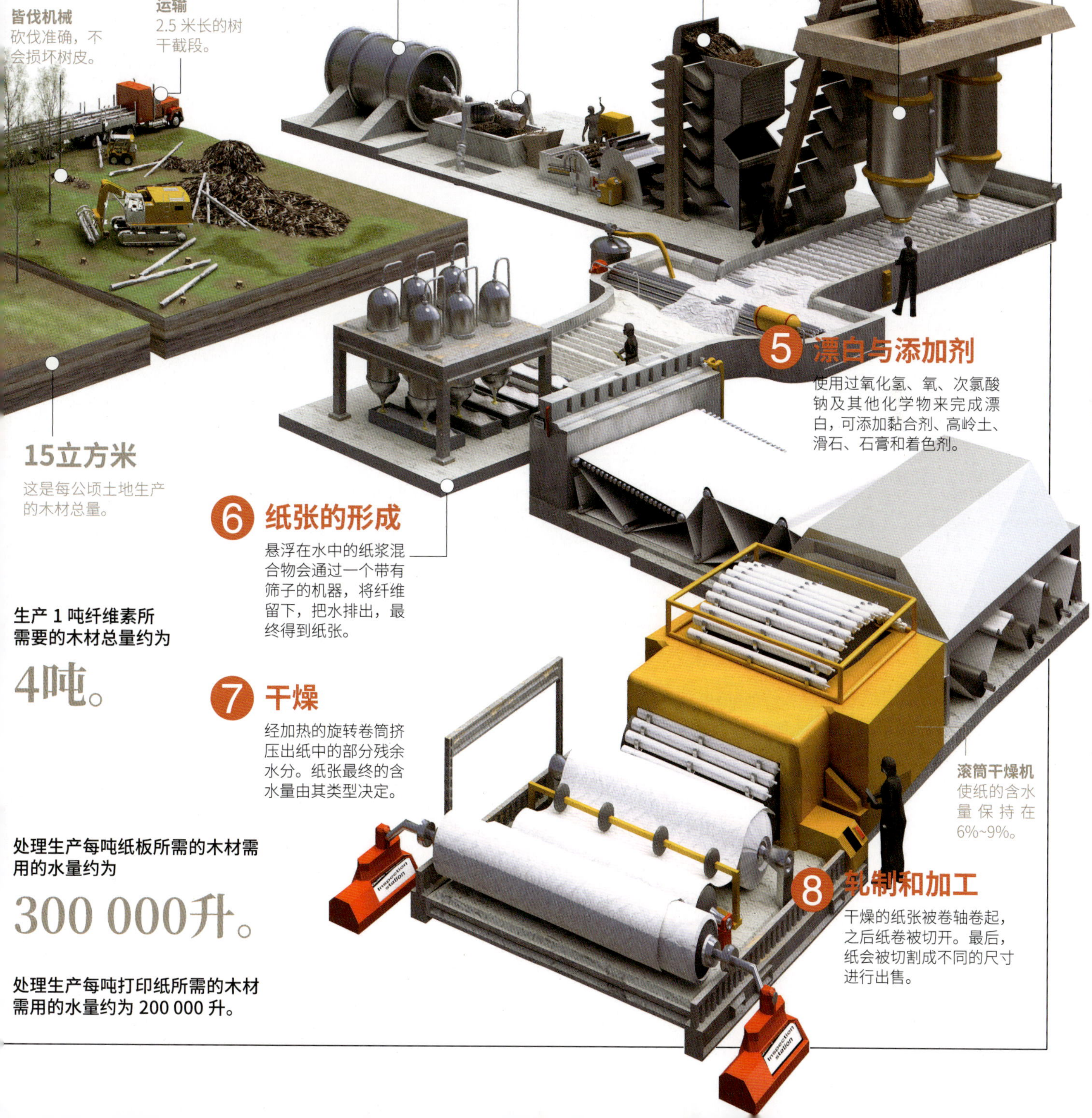

5 漂白与添加剂

使用过氧化氢、氧、次氯酸钠及其他化学物来完成漂白，可添加黏合剂、高岭土、滑石、石膏和着色剂。

15立方米

这是每公顷土地生产的木材总量。

6 纸张的形成

悬浮在水中的纸浆混合物会通过一个带有筛子的机器，将纤维留下，把水排出，最终得到纸张。

生产 1 吨纤维素所需要的木材总量约为

4吨。

7 干燥

经加热的旋转卷筒挤压出纸中的部分残余水分。纸张最终的含水量由其类型决定。

处理生产每吨纸板所需的木材需用的水量约为

300 000升。

处理生产每吨打印纸所需的木材需用的水量约为 200 000 升。

8 轧制和加工

干燥的纸张被卷轴卷起，之后纸卷被切开。最后，纸会被切割成不同的尺寸进行出售。

药用植物

那些长久以来被一代又一代人用作医疗用途的植物是大自然赐予人类的众多礼物之一。从人类开始关注自身健康以来，这些植物就被当作重要的营养来源和治病良方。现代医药中也使用了从药草根茎、叶子、花朵和种子中提取的化合物。

来自美洲新大陆的贡献

许多植物都含有大量具有医疗作用的物质，可用于制造抗生素、避孕药、麻醉剂和退热剂（退烧药）。以用来治疗疟疾的奎宁为例，其主要原料通常是从生长在南美洲的奎宁树（金鸡纳属）的树皮中提取的。

萨满教巫师
在古代社会中扮演着重要角色，被认为是智慧的化身。他们不断探索如何运用药草、植物的根茎及其他部分来治愈疾病。

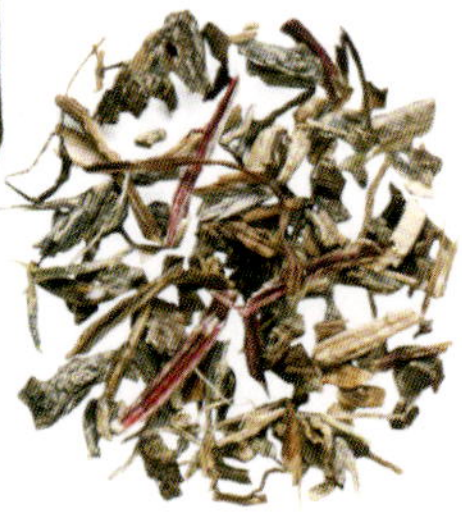

松果菊属
北美洲原住民经常使用的一种药用植物，这类植物会刺激人类的免疫系统。

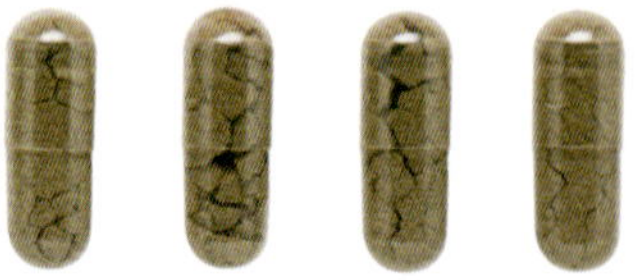

产业
松果菊属在世界范围内被用作天然药物。

印度传统医学

对生命的认识是印度传统医学的主要原则。形成宇宙的五种元素（火、气、水、土和以太）以三种气质类型（风型、火型和土型）表现出来，它们代表了人的健康和性情。身体的能量中心或脉轮会通过摄入药草而受到刺激。

气质的三种类型

风型（体气）与气和以太相关，火型（怒气）与火和水相关，土型（痰）与土和水相关。整体分析如下，印度传统医学提供了综合治疗方法，它将身体保健及冥思同营养学联系到了一起。

风型
（体气）
过量时会影响肠道、结肠、耳朵、骨骼、臀部和皮肤。

描述
与忧郁人格相关，这类人群的特征是性格古怪，爱幻想。

火型
（怒气）
影响肝脏、胆囊、胃、眼睛、皮肤和胰腺。

描述
与果断、易怒的性格相关，这类人群容易接受新思想。

土型
（痰）
过量时会影响喉咙、气管和关节。

描述
与安宁、平静的性格相关，这类人群的典型特征是天生敏感。

中药

传统中医的医疗理念与西医相比有着本质区别，它以心、身体、能量和环境间的交互为基础，其基本原理包含了五行和阴阳，同时还运用了气的概念。中医认为气是保证人体平衡的重要能源。气调节着人体的平衡，受到阴（负能量）阳（正能量）两种相对力量的影响。传统中医包含了药草治疗、营养学、身体锻炼、冥想、针灸和治疗按摩。

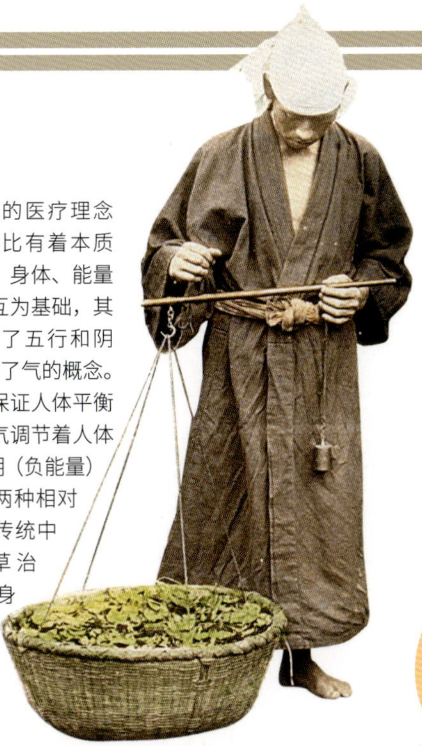

太极

根据中国哲学，太极是万物的起源。它由阴阳组成，阴与阳一起构成了道教符号——太极图。为了保证身体健康，必须保持阴阳平衡。

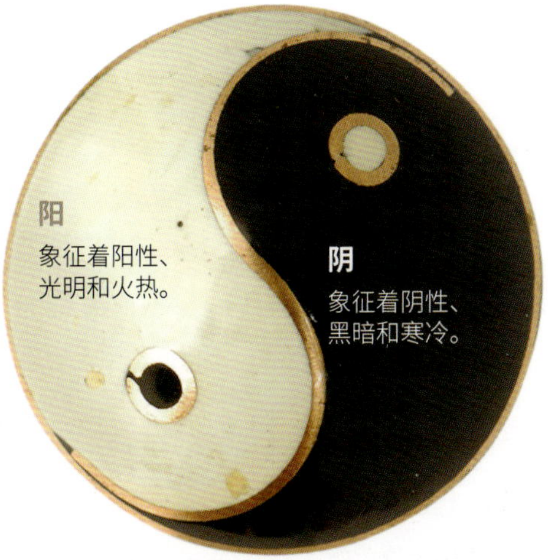

阳
象征着阳性、光明和火热。

阴
象征着阴性、黑暗和寒冷。

五行元素的原理

相比希腊模式（水、火、气和土），中国的五行元素增加了金。这些元素每一个都是独立的，它们之间的作用力必须保持平衡，当出现不平衡时可能会导致疾病。

火

阴
益母草（欧益母草）、土木香（土木香）、英格兰熏衣草（熏衣草）

阳
山楂（锐刺山楂）、酸橙（酸橙）、绣线菊（旋果蚊子草）

苦药草

它们的功效集中作用在心脏和小肠部位，可以缓解发烧、降低热感，并能另行导引体气。

甜药草

营养丰富，滋补性强。与其他药草调和在一起使用，能起到减轻疼痛、防止重病恶化等作用。

木

阴
当归（欧白芷）、意大利柏树（地中海柏木）、普通蛇麻草（啤酒花）、迷迭香（迷迭香）

阳
车前草（大车前）、蒲公英（药蒲公英）、墨角兰（甘牛至）

土

阴
甘菊（母菊）、肉桂（锡兰肉桂）、黄龙胆根蛇麻（黄龙胆）、矢车菊（百金花）

阳
柠檬（柠檬）、刺柏（欧洲刺柏）、蜜蜂花兰（香蜂花）、越橘（黑果越橘）、油橄榄（木樨榄）

咸药草

具有提神功效，它们能使坚硬的脓包软化，能润滑、疏通肠道。它们还能减缓便秘、痛风，减少肾结石等。

酸药草

通常影响肝和胆囊，它们能刺激胆汁的分泌。

辣药草

诱导出汗，促进血液、气循环，通常用于治疗体表紊乱症状。

水

阴
石南花（帚石南）、奶蓟（水飞蓟）、人参（人参）

阳
荠菜（荠）、红蚤缀（田野拟漆姑）、穗菝葜（穗菝葜）

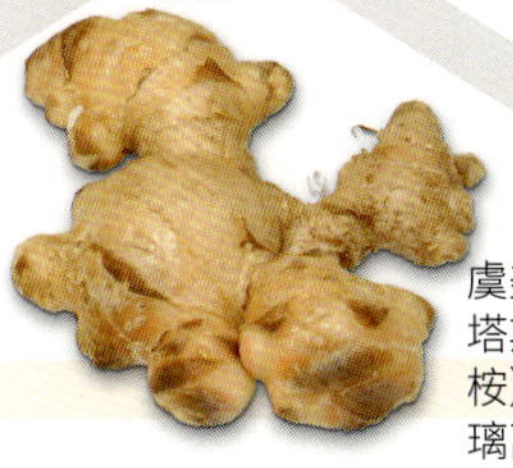

生姜

金

阴
生姜（姜）、胡椒薄荷（辣薄荷）、百里香（普通百里香）

阳
虞美人（虞美人）、塔斯玛尼亚蓝桉（蓝桉）、普通琉璃苣（玻璃莴苣）

真菌类

近10亿年以来，菌类分解物质的能力对地球上的生命具有重大意义，它们分解有机质，并将碳及其他元素归还给环境以供其他有机体使用。菌类与植物的根系相互作用，使它们更好地吸收水分和矿物质。多年来真菌类一直

毒蝇伞
典型的毒菌，对人类神经有很大的负面影响。按照摄取的剂量，人类会表现出眩晕、肌肉痉挛、呕吐，甚至失忆等症状。

被划分在植物界，但与植物不同的是它们不能生产自己的食物，大多数为寄生。有些菌类是病菌，会给人类、动物或植物带来疾病。●

菌类世界

多年以来，真菌类一直被划分在植物王国中。但与植物不同，它们是不能为自己生产食物的异养生物。有些菌类能够独立生存，有些则需要寄生。同动物一样，菌类也利用糖原来储存能量，其细胞壁也是由构成昆虫外壳的物质之一的几丁质构成的。

真菌类：特殊的界

菌类可以在各种环境中生长，特别是在海拔高达 4 000 米的潮湿阴暗的地方。它们被分成四大类，其中有一类菌群因为通常不进行有性繁殖被称为“半知菌类”，目前已查明有 25 000 种菌类属于这个类别，根据 DNA 分析，它们被划分为半知菌门。

4～60°C

大部分菌类生活在温度为 4～60°C的潮湿的气候中。

壶菌门

是唯一在生命的某些时期具有可移动细胞——雄性和雌性配子——的菌类，它们将这些细胞释放到水中以便进行繁殖。这类菌生活在水中或陆地上，以死亡动植物为食或寄生在其他生命体上。它们的细胞壁由几丁质构成。

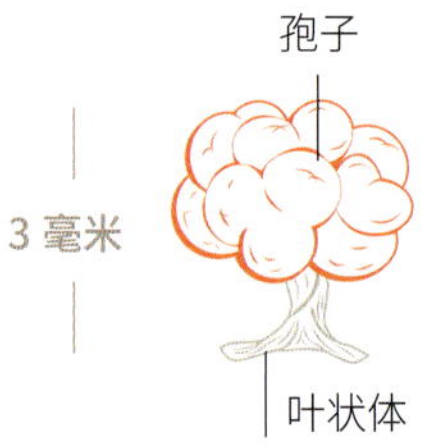

多样性
壶菌门中的菌类在结构方面有很大差异。在同种繁殖阶段，它们能生成单倍体和二倍体孢子。

黏液菌
多头绒泡菌

半知菌门

被称为“半知菌”，因为它们不具备有性繁殖的能力。大多数半知菌寄生在植物、动物或人类身上，会引起皮癣或霉菌病。此外，半知菌也有有益的一面，如用青霉菌能生成青霉素，环孢霉菌具有重要的药用价值和商业价值。

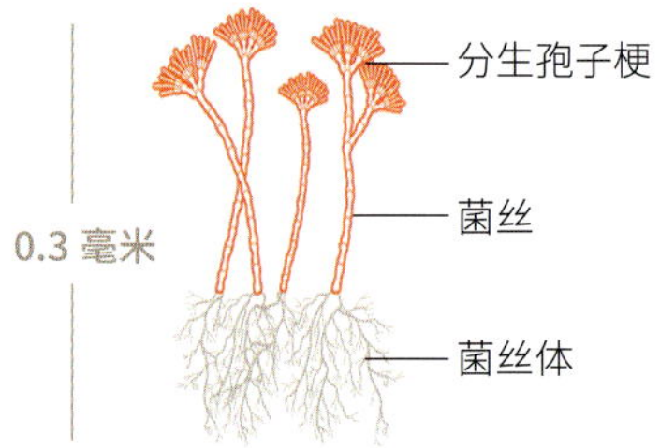

性别未知
在半知菌门中，分生孢子是由无性功能的微小孢子组成的。它们被包裹在名为分生孢子梗的结构中。

担子菌门

这个门包含了最常见的菌类——蘑菇。蘑菇的繁殖器官是它们的菌盖，它们的枝生长在地下或其他有机层中。

蘑菇伞
具有典型的外形，能保护生产孢子的担子。

食用蘑菇
鸡油菌

面包霉
黑根霉

已有约

148 000种

菌类被确认，人们认为真菌界有 220 万 ~380 万个种类。

接合菌门

这是一种使用接合孢子囊进行有性繁殖的陆生菌门，其二倍体细胞会在条件适宜时打破细胞壁进行生长。它们也可以进行无性繁殖。大多数接合菌门物种在土壤中生存，以植物或死亡动物为食；有些则寄生在植物、昆虫或小型陆地动物上。

大量小囊
它们的孢子在雌雄配子融合的时候形成。这类菌也可以在孢子囊破裂释放孢子时进行无性繁殖。

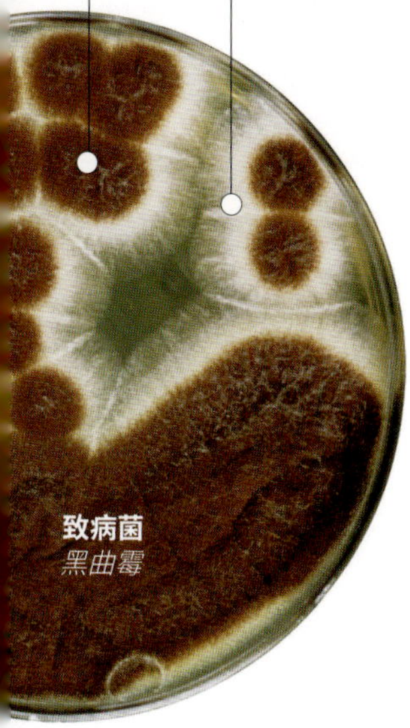

致病菌
黑曲霉

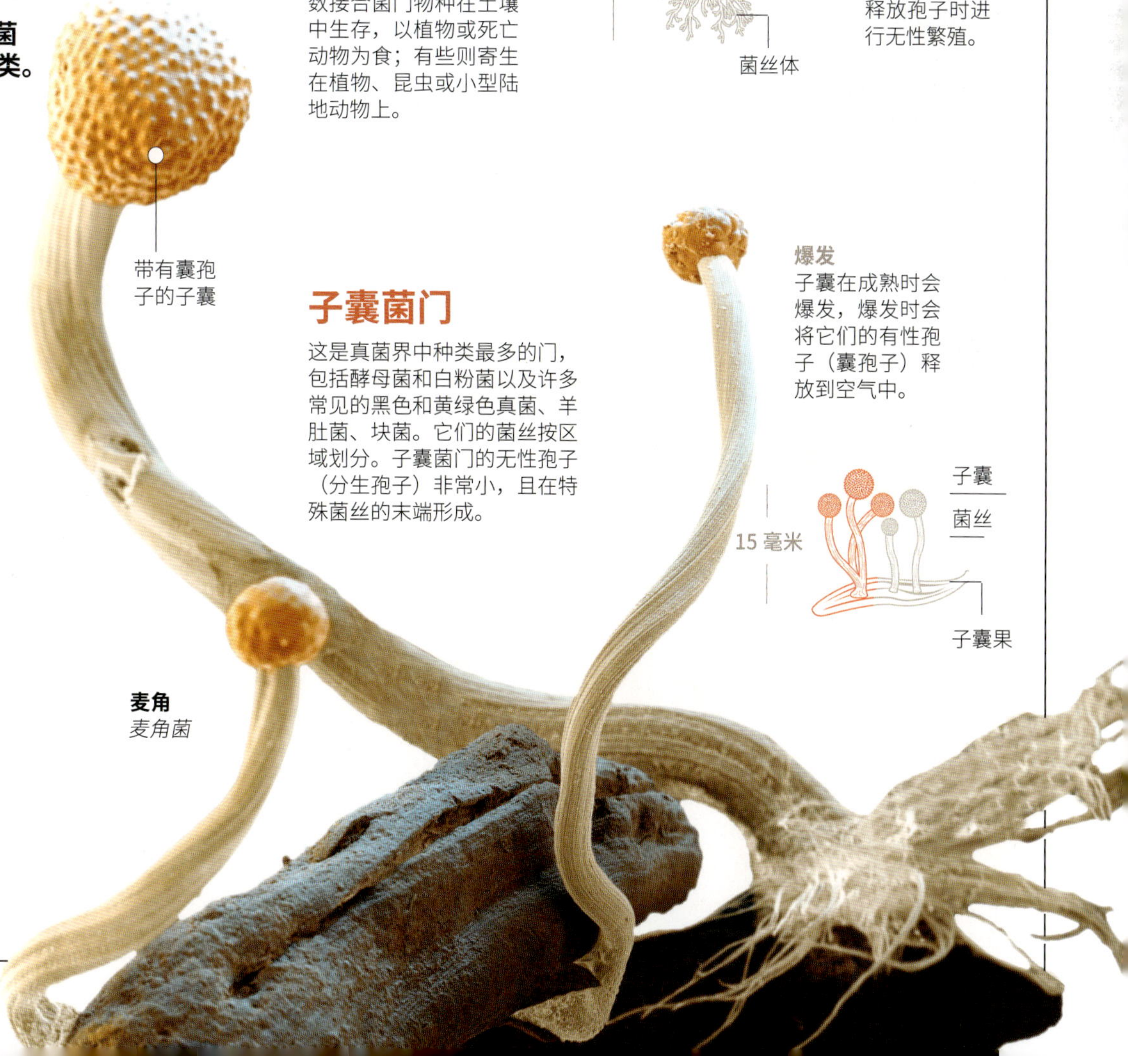

麦角
麦角菌

子囊菌门

这是真菌界中种类最多的门，包括酵母菌和白粉菌以及许多常见的黑色和黄绿色真菌、羊肚菌、块菌。它们的菌丝按区域划分。子囊菌门的无性孢子（分生孢子）非常小，且在特殊菌丝的末端形成。

爆发
子囊在成熟时会爆发，爆发时会将它们的有性孢子（囊孢子）释放到空气中。

菌类的食物

菌类摄取食物的方式与动物不同，它们先将食物分解成微小的分子，再进行取食。大多数菌类以死亡的有机物质为食，也有些为寄生——从存活的寄主或捕食者身上取食，还有一些菌类同藻类、细菌或植物建立了互利关系，从中获取有机物。

化学转换

菌类直接从环境中吸收赖以生存的有机物或无机物。它们先在食物上分泌消化酶，利用化学转换将食物转化成更简单、更易吸收的化合物。担子菌门根据其食物进行分类。例如，根据自身对不同营养物质的需求，它们生长在树木的不同部位。

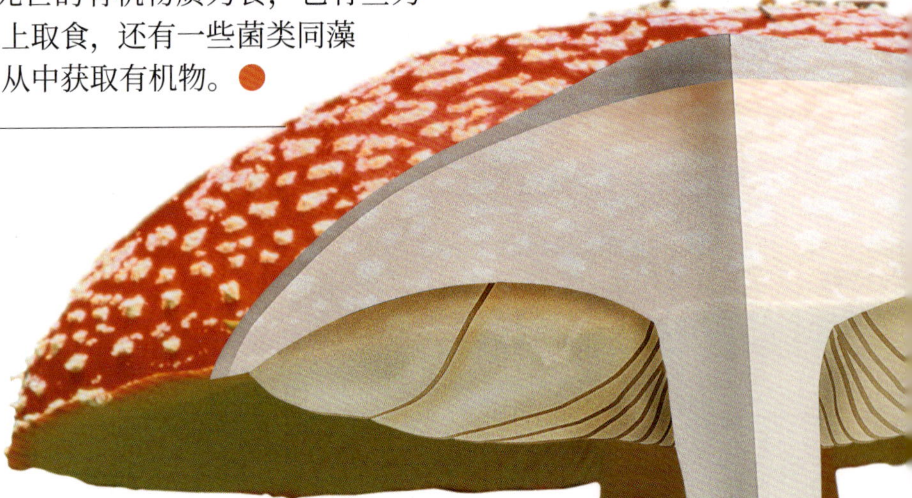

菌盖
除了易于辨认外，担子菌门的菌盖还有可受孕部分；菌盖中含有孢子。

鹅膏菌属的真菌，包括这里图片上所展示的毒蝇伞，具有典型的蘑菇状外形，有菌盖。

寄生
以消耗其他植物为生的菌类，如榆梢枯长喙霉和杨树田头菇（叶子上的阴暗区域），它们甚至会杀死寄主。还有一些菌类寄生在动物身上。

腐生
这类菌能分解一切有机物质，它们实际上生长在植物的死亡部分，所以不会对寄主产生伤害。

共生
这些菌类从植物中取食的同时，帮助植物获取水分和矿物盐，这比直接从土壤中获取更为简单。每种菌类都有自己的特征。

菌丝体
当蘑菇孢子遇到适宜的媒介时会生成网状菌丝，菌丝分裂出的细丝延生到周围媒介，形成被称为菌丝体的菌丝群。当菌丝体的细丝紧密排列时就会形成蘑菇，并向上生长形成子实体。

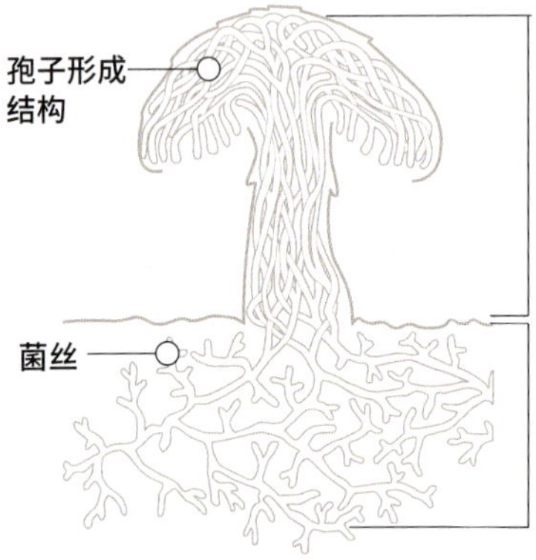

子实体
担子果或菌盖，形成新孢子。

营养菌丝体
由在地下生长的菌丝构成。

表皮

覆盖在菌类顶部或菌盖上的外皮或薄膜，其颜色和质地多种多样，如会呈现柔软、多毛、有鳞、线状、纤维性、带绒毛、平滑、干燥或黏性等多种状态。

菌褶

生成孢子的结构，它们的形状因属种而异。

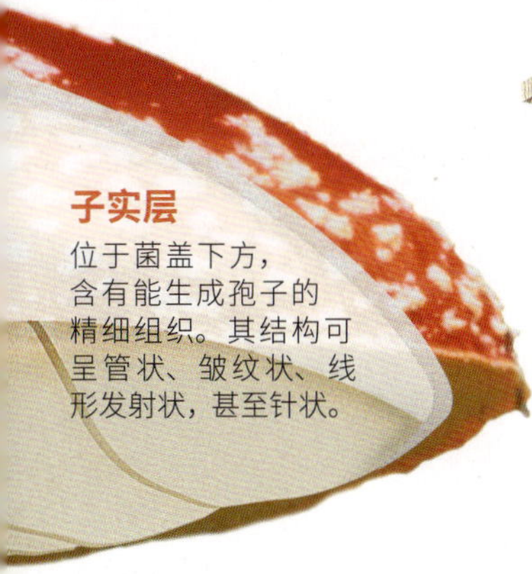

子实层

位于菌盖下方，含有能生成孢子的精细组织。其结构可呈管状、皱纹状、线形发射状，甚至针状。

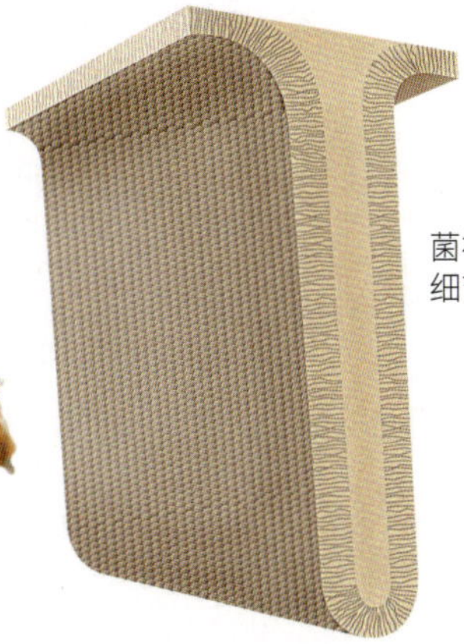

菌褶细节图

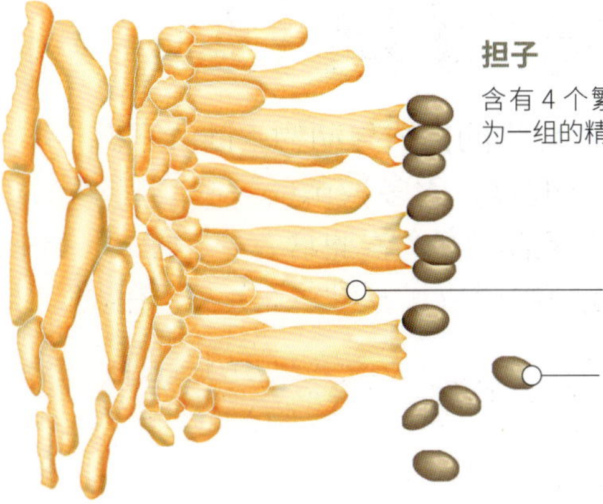

担子

含有 4 个繁殖细胞为一组的精细结构。

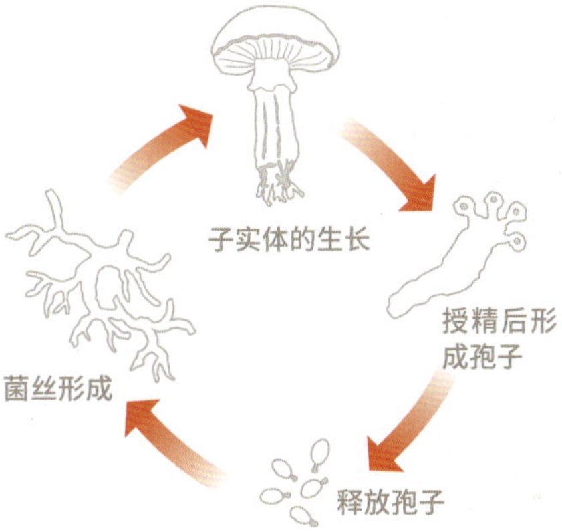

菌类的生命周期

菌类在有性或无性繁殖期间生成孢子，孢子负责将菌种转移到其他地方，有些孢子还能帮助菌类在不利的条件下生存。

环状物

即菌幕，可以保护幼小菌类的子实层部分。

生长

毒蝇伞的子实体诞生时呈白色卵状，它在未展开的蘑菇体内展开时缓慢生长。在其生长初期出现了完全闭合的菌盖，菌盖在接下来的几天如伞状般打开，并呈现出特定的颜色。

茎

呈圆柱形，起到支撑菌盖的作用，含有用于种类区分的重要信息。

你知道吗?

菌类可以分解大量物质，有些菌类能消化石油，还有一些能消化塑料。第一种抗生素——青霉素的原料就是真菌，它们还是许多用于医疗用途的化合物的重要来源。科学家正在研究利用石油消化菌来清理泄漏的石油及其他化学事故残余物。

致幻蘑菇

阿兹特裸盖菇

菌托

由早期菌幕掉落后的残留物形成，因种类不同而不同。

可食松果菌

生长在松树的球果上。

真菌界中的毒药

食用有毒的菌类会引起中毒。中毒会出现多种症状，这是由于食用的菌类不同和食用的量的不同造成的。有时，中毒并不是因为吃了有毒的菌类，而是由于食用了受到菌类污染的食物，如谷类产品。黑麦、一部分燕麦、大麦和小麦等都可能成为霉菌毒素的寄主。食用了被霉菌毒素污染的粮食制作的食品会引起幻觉和痉挛，并对人体器官造成巨大伤害。●

麦角中毒
（圣安东尼之火）

侵袭黑麦

麦角菌（麦角菌属）是黑麦的寄生物之一，能产生生物碱霉菌毒素——麦角、麦角新碱、麦角胺和麦角环肽。当带有麦角菌的大麦加工食品被人类食用时，其中的霉菌毒素会被人体吸收。所有这些有毒物质都能直接作用于人的神经传感器，引起血管收缩。

1 释放

子座或密集细胞体在封闭的结构中形成，并在其中繁殖，生成大量的子囊壳。

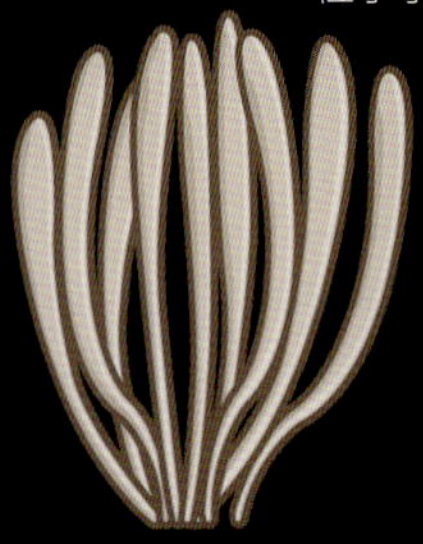

2 果实

子囊壳是子囊菌形成的一种子实体或繁殖体。它是一种顶端带有毛孔的封闭式子囊果，子囊位于子囊壳中。

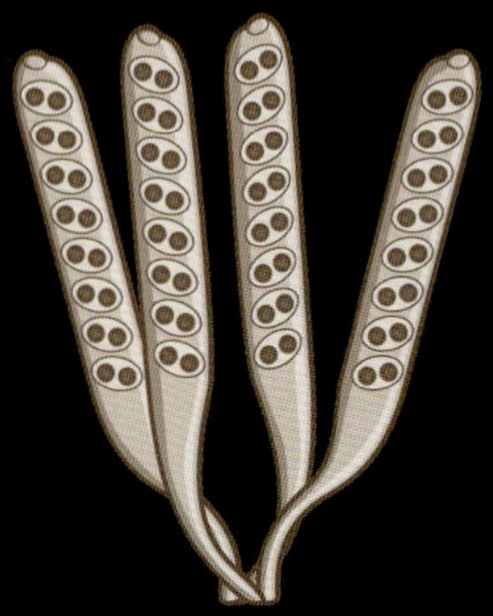

3 孢子

被称为囊孢子，生长在叫作子囊的囊型细胞中，通常 8 个孢子组成 1 个生长组。它们相当轻，能在空气中散播。

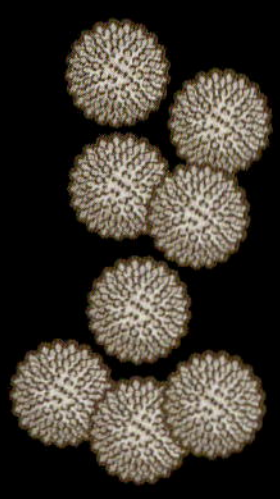

麦角
麦角菌

麦角中毒

麦角中毒或圣安东尼之火是因为食用了受到麦角菌生物碱或麦角污染的黑麦面包引发的症状。这类生物碱通常会影响神经系统，极度降低血液循环，四肢产生灼热感就是其显著症状之一。

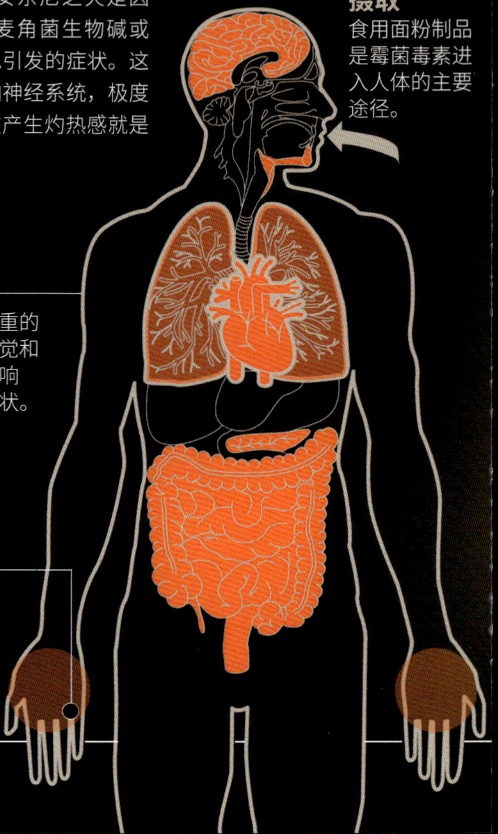

摄取
食用面粉制品是霉菌毒素进入人体的主要途径。

神经系统
呆滞、困乏以及更严重的情况，例如痉挛、幻觉和失明等都是麦角菌影响神经系统而产生的症状。

严重病症
麦角生物碱会引起血管紧缩、导致坏疽。

4

寄生物

有性子囊孢子或无性的分生孢子寄生在黑麦花朵的子房中，并在那里生长发育，寄生物会造成寄主组织的死亡，并生成菌核。因为其呈现出的硬化角型，在某些语言中，麦角的名称与单词“角”相关。

毒蘑菇

食用不了解的菌类子实体非常危险。目前还没有辨识有毒菌类的可靠方法，但是有些蘑菇，例如鹅膏菌、大环柄菇和牛肝菌都已被确认是有毒蘑菇。

毁灭天使

鳞柄白鹅

致命之美

这类蘑菇会导致肝脏中毒。它们通常生活在砂砾中或林地和山区的酸性土壤中，在春、夏、秋季生长。它们的菌盖呈白色，直径为 5~13 厘米，其茎和菌褶也是白色的，菌褶能与茎分离。茎的基座有一个杯形菌托，有些菌类的菌托用肉眼看不见，也有的被埋在土下。

杀虫剂

毒蝇伞这一名称来源于该植物的天然杀蝇特性。它们的菌盖通常是红色的，直径为 15~20 厘米，菌盖可能被白色或黄色的瘤覆盖着，但有些品种则没有。毒蝇伞基底的茎比较粗，呈起毛状，它还拥有一个类似裙子的大型白色菌环。毒蝇伞生活在针叶和落叶林中，在夏季和秋季生长。如果吞食了毒蝇伞会引起胃肠不适或导致幻觉。

毒蝇伞

毒蝇鹅膏菌

黑麦产品

在中世纪的欧洲，小麦面包非常昂贵，不属于日常食品。大多数面包和啤酒是由黑麦制作的，这使人们很容易摄取到麦角菌产生的霉菌毒素，因此在这一时期发生了大量麦角中毒事件。今天，在生产黑麦及其他谷物面包和相关产品时所采用的预防性监控，大大降低了黑麦中毒的概率。

病原体

能对人体或动植物造成疾病的菌类被称为病原体，这类有机体生成的有毒物质会对人体产生不良影响，并给农业生产造成巨大损失。这些病原体能够承受温度、湿度和 pH 的剧烈变化，这是它们危险的原因之一。曲霉菌是能生成剧毒物质的菌类之一。

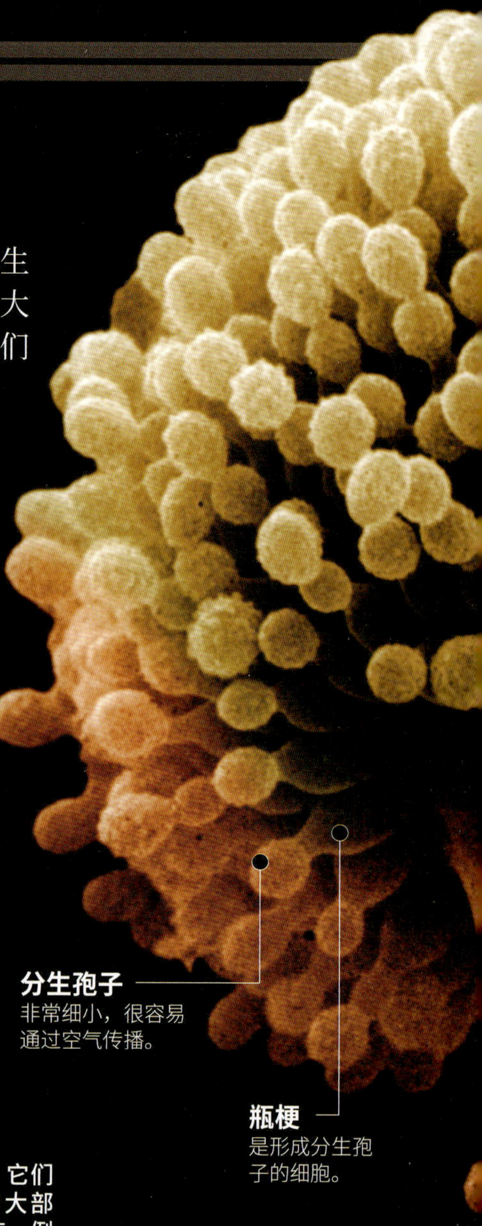

分生孢子链
分生孢子是在菌丝末端形成的无性孢子，在此处它们组合到一起形成链。

分生孢子
非常细小，很容易通过空气传播。

瓶梗
是形成分生孢子的细胞。

900 种

这是曲霉菌的种数。它们被分成 18 组，其中大部分都能引起人体疾病，例如曲霉病。

分生孢子梗
子实体或繁殖柄生孢子的一部分，无性孢子或分生孢子就在其中生长。

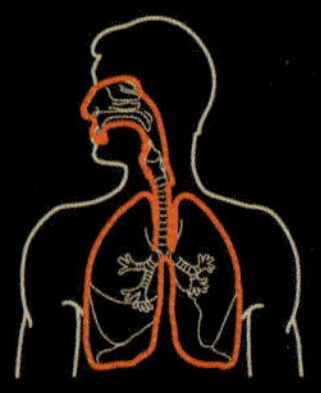

过敏症
黄曲霉
这种菌类能引起遗传性易患病体质人群的过敏反应。在农业方面还会对花生等作物的种子造成污染。它们会生成含有剧毒的次生代谢物，被称为霉菌毒素。

腐生生物
曲霉菌属
除了病原体外，还有些曲霉菌能分解死亡的昆虫，为土壤提供营养物质。

曲霉菌

曲霉菌是“不完全”的菌类或半知菌类，具有叫作分生孢子头的繁殖结构。这些孢子头由环绕在瓶梗部的囊泡组成，在瓶梗末端形成孢子链。

孢子头

含有绿色柄生孢子和大量短小的分生孢子梗。

面包霉菌

黑曲霉

其子实体为黄白色，当分生孢子成熟时它会变成黑色。它的分生孢子梗非常大并含有瓶梗，能覆盖整个孢子头囊。面包霉菌常出现在发霉的食物中。

投机性

烟曲霉菌

这类病原体会影响免疫系统较弱的人群，它们会造成严重的侵袭性疾病。

12种

12 种霉菌会造成人体疾病，例如烟曲霉菌、黄曲霉菌、黑曲霉和土曲菌。

破旧立新

酵母同其他菌类一样能分解有机物，对人类的帮助非常大。人类已经开发了在家庭或工业中使用的酵母产品，如在面包发酵、烘烤食物和酒精饮料制作等方面都证实了酵母的有效性。通过分析酵母如何进食，研究它们的繁殖情况，可以了解啤酒酿造的过程。

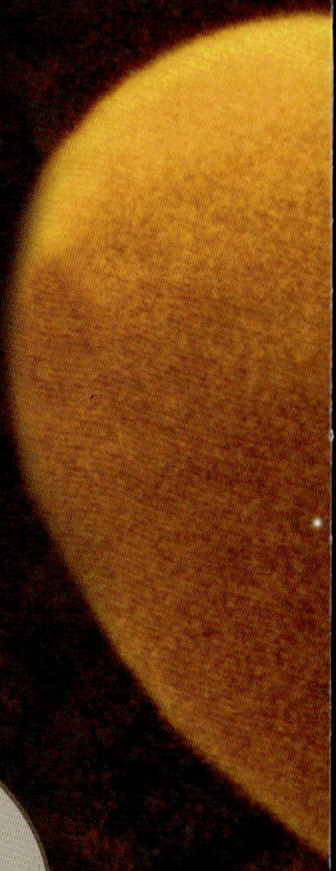

酵母
酿酒酵母

宝贵的芽

酿酒酵母种群中的酵母既可以进行有性繁殖，也可以进行无性繁殖。当氧气浓度适宜时酵母会进行有性繁殖，如果氧气指数急剧降低，它们则进行无性繁殖。发芽生殖是一种无性繁殖类型，子细胞由母细胞分裂形成。以大麦为例，这个过程会分解出水、酒精和大量二氧化碳，二氧化碳形成了啤酒中的泡沫。

发酵

在厌氧情况下，酵母获得能量，并生成酒精。通过酒精发酵的处理方式，酵母从丙酮酸处获得能量，丙酮酸是葡萄糖经由糖类酵解分解的产物。在这一过程中生成的二氧化碳不断累积，同时也生成了普通的酒精。最终产物（啤酒）中将含有二氧化碳。

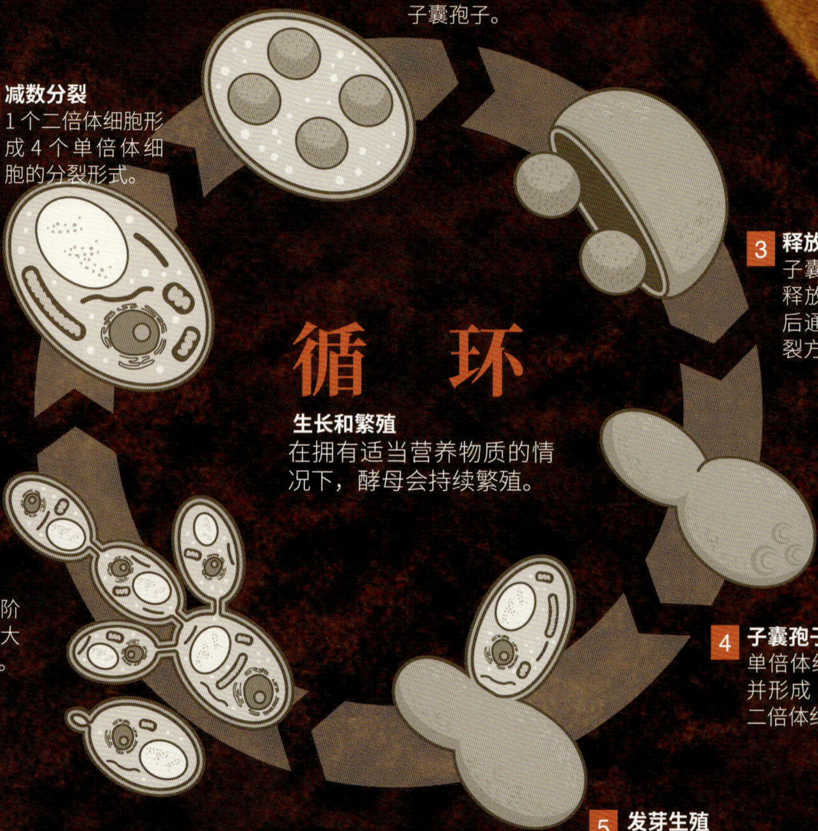

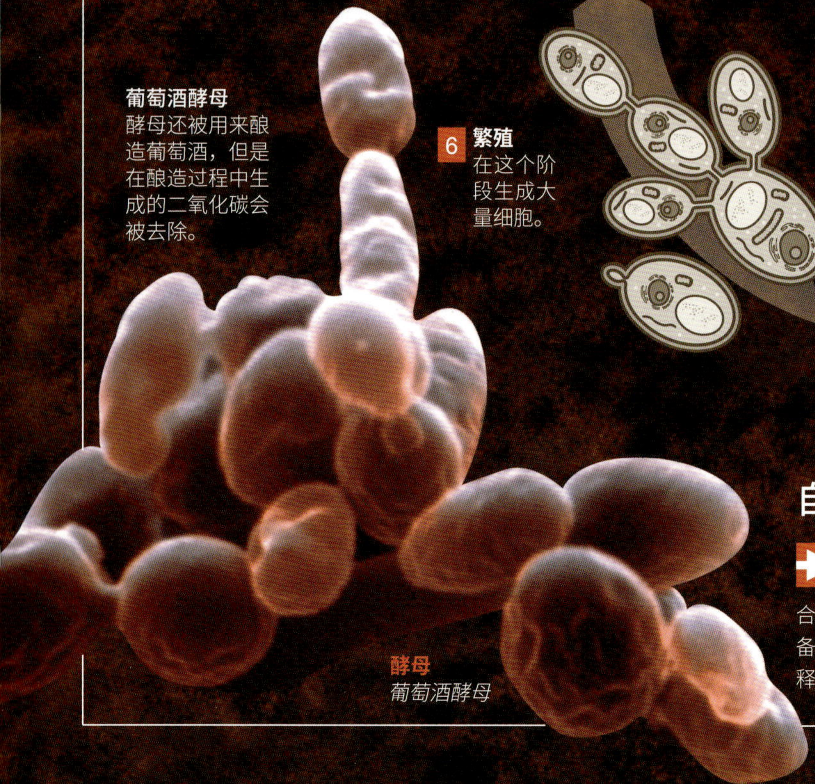

葡萄酒酵母
酵母还被用来酿造葡萄酒，但是在酿造过程中生成的二氧化碳会被去除。

酵母
葡萄酒酵母

自制面包

很多食品的生产都需要酵母，最有代表性的要属面包。在面包制作过程中，酵母依靠面粉中的碳水化合物生存。面包的生产不同于含酒精的饮料，它需要具备酵母生长所需的氧气。菌类在迅速消耗营养物质时会释放二氧化碳，二氧化碳能使生面团膨胀，使面包变高。

细胞核

负责调整所有细胞的活动，它的复制能力是保证每个子细胞同母细胞一样的关键。

线粒体

当细胞处于含氧量高的环境中时，这些亚细胞结构会变得非常活跃。

细胞膜

细胞膜控制着进出胞的物体，它的功能类似于选择性过滤器。

发芽生殖

芽或苞将在一个新细胞中独立生长，这个细胞由酵母的不同部分组成。

12%

这是酵母能承受的最大酒精浓度。

酶的生成

内膜系统能生成酶，酶能控制细胞中酒精和二氧化碳的产生。

液泡

这种细胞器官含有细胞新陈代谢所需的水和矿物质。营养物的浓度集中有助于调节细胞活动。

术 语

ADP
二磷酸腺苷化合物的英文首字母缩写。

DNA
脱氧核糖核酸。带有基因编码信息的双螺旋分子。

NADP
氧化相烟酰胺腺嘌呤二核苷酸磷酸的英文首字母缩写。

NADPH
还原相烟酰胺腺嘌呤二核苷酸磷酸的英文首字母缩写。

孢子
由一个细胞构成的繁殖器官，不用通过与另一个细胞结合就能生成新生物体。

孢子囊
内部可以形成孢子的组织。

二倍体
含有两套完整染色体的细胞。

被子植物
指种子包含在果实结构中的显花植物。

表皮
茎和叶的最外部细胞层。

不定根
在非常规部位生长的根，例如茎上。

储存器官
消耗糖分或能储存糖分的植物部分，例如茎、根和果实。

雌蕊
构成被子植物雌性器官的花朵心皮群组。

大量营养素
植物生存所需的大量化学营养物质，例如氮和磷。

单倍体
指只含有一套染色体的细胞，与二倍体不同。这是配子、配子体和一些蘑菇的特征。

单子叶植物
种子只有一个子叶的显花植物，例如洋葱、兰花和棕榈。

蛋白质
由一个或多个氨基酸链构成的高分子物质。它们界定了一个生物体的物理特征，当作为酶时它们能调节化学反应。

等位基因
管控性状的基因变量。一个二倍体细胞包含各性状亲体的一个等位基因。

豆类
由一个心皮一分为二生成的某些单果植物，例如鹰嘴豆和豌豆。

多肽
氨基酸聚合体，例如蛋白质。

萼片
构成花朵外表的变形叶，能在芽打开前对其进行保护。

分裂组织
由能通过细胞分裂形成其他细胞的细胞构成的组织体。

分子钟
用来计算两个物种之间演化过程的标志。通过比较每个物种蛋白质中氨基酸间逐渐累积的区别来计算。

浮游植物
能够进行光合作用的自由存活的微型水生植物群。

附生植物
在另一个植物表面生长的植物，但不从该植物汲取水或营养物。

干燥地带植物
在沙漠或其他干燥环境生长的植物。

根
将植物固定于土壤并汲取水分和矿物质的器官。

根茎
水平地下茎。

光合作用
将光能用于从二氧化碳和水分生成碳水化合物的过程。

光呼吸

某些植物通过闭合气孔防止脱水的过程。

果实

花朵的子房或子房群成熟后形成，含有种子。

核果

由下位花形成的简单肉质果。下位花是指子房位置比其他部位更高的花朵。内部拥有一个种子。例如橄榄、桃和杏。

核酸

含有细胞基因信息的分子。

核糖体

位于细胞质中的细胞器官，能根据核酸提供的信息指导生成蛋白质。

细胞核

细胞的遗传信息库，是细胞代谢和遗传的控制中心。

花瓣

构成花冠特化叶子。

花粉

种子植物特有的小型粉末，其颗粒中含有雄性细胞。

花粉囊

由两个腔室和四个花粉囊构成的雄蕊结构。

花蜜

花朵和一些叶子生成的甜味液体，能吸引作为传粉媒介的昆虫和鸟类。

花丝

由细丝构成的结构，为雄蕊提供支撑。

花序

在花梗上以特定形式排列的花朵群。

基因

染色体的信息单位。DNA 分子中的核苷酸序列，执行特殊功能。

寄生虫

以汲取他者营养而生存的生物体。

假根

由一根细小或分支管构成的细胞组织或细丝，能使苔藓类附着于土壤。

减数分裂

一种细胞分裂类型，二倍体细胞的成功分裂形成四个单倍核，从而生成配子或孢子。

浆果

由一个或多个心皮构成的单个肉质果。

角素

含氮多糖。包含在蘑菇的细胞壁中。

界

指大自然中动物、植物、微生物的最高的分类级别。

节点

植物茎上生长一片或多片叶子的腋芽。

茎

植物支撑叶子或繁殖器官的部分。

聚合体

由单体重复结构单位组成的高分子。

菌丝

构成菌类菌丝体的混合细丝。

菌丝体

菌类菌丝的混合体。

科

是位于目与属之间的生物分类单位之一。

块茎

植物用于积累储存能量的特化地下厚茎。

类囊体

构成叶绿体内膜的微型扁平状囊。进行光合作用时阳光能在这里转变为化学能量。

裸子植物

指种子没有包裹在子房中的植物，例如针叶树（松树、杉树、落叶松和柏树）。

酶

帮助调节细胞中化学作用的蛋白质。

每年落叶
指一个植物的所有叶子在每年的特定季节凋落。

萌芽
指植物从种子或孢子开始生长的过程。

木质部
植物采集系统的一部分。能将水分和矿物质从根部运送到其他部分。

木质素
能帮助形成植物木质部分的纤维素物质。

内皮
特殊细胞层，由较厚的细胞构成；在新根中位于树皮和维管组织之间。

内质网
通过细胞质连接的膜状网络，是细胞合成蛋白质的场所。

胚芽
植物胚的组成部分之一。它突破种子的皮后发育成叶和茎。

胚珠
显花植物的子房部分，含有雌性细胞，在受精后成为种子。

配子囊
形成配子或生殖细胞的单细胞或多细胞结构。

球根
变形的茎结构，其内部厚叶上堆积了淀粉。

韧皮部
在植物内部传导树液的容器。

舌叶
在花朵特定合成物顶端边缘生长的花瓣。颜色为蓝色或黄色，在雏菊上更多为白色。

渗透性
指一种材料在不损坏介质构造情况下，能使流体通过的能力。

生态系统
指一定区域内由生物群落与无机环境构成的统一整体。

生物群系
指占据很大区域的生态系统，具有特定的植物种类。

授粉
将花朵的雄性器官产生的花粉传递到同个或另个花朵雌性器官的过程。

受精
指特殊生殖细胞（包含在花粉和胚珠中）的结合，从而形成新的植物的过程。

树液
含有光合作用生成物，并通过韧皮部传输的液体。

双子叶植物
种子拥有两片子叶的显花植物。

髓质
在维管组织内部形成的基本组织。

地衣
菌类和藻类的共生体：藻类通过光合作用生成食物提供给菌类，同时菌类为藻类提供潮湿安全的栖息地。

苔藓类
小型无花植物群，包括苔类、角苔类和苔藓类。

同功
指不同祖先的物种在适应相同环境时形成的相似处。

维管植物
指具有传输水分和营养物质到各部位的组织细胞的复杂结构的植物。

无性生殖
不经过两性生殖细胞结合，由母体直接产生新个体的生殖方式。

吸器
一些寄生植物用来穿透其他种群以便获取宿主光合作用生成物的导管。

细胞
能进行独立繁殖的有膜包围的生物体的基本结构和功能单位。一般由质膜、细胞质和核（或拟核）构成，是生命活动的基本单位。植物细胞拥有或硬或软的细胞壁。

细胞呼吸
从食物汲取能量的需氧过程，包括糖酵解，氧磷酸和三羧酸循环。真核细胞可以在细胞质和线粒体中进行这些过程。

细胞膜
所有活细胞的柔软外壁，它包裹着细胞质，并调节着与外界的水气交换。

细胞质
细胞中包含在细胞膜和细胞器膜之间的内容物。

纤毛
细胞用来前进的短小外部附肢，由微管构成。

纤维素
植物生成的作为其结构材料一部分的纤维碳水化合物，是植物细胞壁的主要成分。

线粒体
通过双层膜界定的细胞器官。在其内部进行有氧呼吸的最终阶段，通过糖分解获得三磷酸腺苷。

心皮
带有胚珠的雌性部分。心皮群组构成雌蕊。

形成层
植物根茎上的内部部分，一边为木质部，另一边为韧皮部。它能使茎变粗。

雄蕊
花朵的雄性繁殖器官上带有花粉的部分。由一根细丝在底部支撑两个花粉囊。

宿主
被另一生物体汲取食物或被其当作庇护所的植物。

芽包囊群
位于蕨类植物叶子下部的孢子囊群。

厌氧性
指一个生物体或细胞能在分子氧缺乏或不存在下生长的特性。

秧苗
种子胚芽的首次萌芽，由短茎和一对幼叶构成。

叶绿素
植物细胞叶绿体中包含的色素。在光合作用中捕获能源。

叶绿体
位于绿色植物细胞内部的微型囊体，光合作用的化学作用过程在这里进行。

叶状体
棕藻的植物状体。能支撑某些菌类生殖器官的长形坚硬部分。

遗传漂变
由于某种随机因素，某一等位基因的频率在群体（尤其是在小群体）中出现世代传递的波动现象。

有丝分裂
能形成两个与母核相同的子核的核分裂。

有性繁殖
通过雄性细胞与雌性细胞受精进行的繁殖，能形成与两个母体不同的后代。

原生质体
没有细胞壁的植物细胞。

藻类
一种原生生物界的生物体，曾被当作植物，但是没有根、茎和叶。它们生长在水中或潮湿地带，包括多细胞藻类和单细胞藻类。

纲
高于目但低于门的生物分类单元。例如，轮藻纲包含与高等植物有亲缘关系的绿藻。

种子
含由植物胚芽的结构，其储存的营养物质称为胚乳，其保护层称为外种皮。

珠心
位于植物内部带有种子的结构，能生成胚囊。

柱头
花朵的雌性繁殖器官的上部，是花粉的接受者，与子房相连。

子房
花朵的一部分，由一个或多个心皮构成，含有受精的胚珠，将形成整个或部分果实。

子叶
显花植物的第一片叶子，位于种子内部。其中有的能够储存食物，并在植物发芽时保持掩埋于土壤中。

组织
指具有同种功能的细胞群体。

江苏省版权局著作权合同登记 10-2021-101 号

图书在版编目（CIP）数据

植物、藻类和菌类 / 西班牙 Sol90 公司编著；刘早译. — 南京：江苏凤凰科学技术出版社，2022.10（2024.11重印）
（国家地理图解万物大百科）
ISBN 978-7-5713-2829-0

Ⅰ. ①植… Ⅱ. ①西… ②刘… Ⅲ. ①植物－普及读物②藻类－普及读物③菌类植物－普及读物 Ⅳ. ①Q94-49

中国版本图书馆 CIP 数据核字 (2022) 第 037763 号

国家地理图解万物大百科　　植物、藻类和菌类

编　　著	西班牙 Sol90 公司
译　　者	刘　早
责任编辑	谷建亚　沙玲玲
助理编辑	杨嘉庚
责任校对	仲　敏
责任监制	刘文洋
出版发行	江苏凤凰科学技术出版社
出版社地址	南京市湖南路 1 号 A 楼，邮编：21000
出版社网址	http://www.pspress.cn
印　　刷	南京新世纪联盟印务有限公司
开　　本	889mm×1 194mm　1/16
印　　张	6
字　　数	200 000
版　　次	2022 年 10 月第 1 版
印　　次	2024 年 11 月第 10 次印刷
标准书号	ISBN 978-7-5713-2829-0
定　　价	40.00 元

图书如有印装质量问题，可随时向我社印务部调换。